NEUE BAHNEN
IN DER LEHRE VOM VERHALTEN
DER NIEDEREN ORGANISMEN

VON

DR. FRIEDRICH ALVERDES

PRIVATDOZENT FÜR ZOOLOGIE
AN DER UNIVERSITÄT HALLE

MIT 12 ABBILDUNGEN

BERLIN
VERLAG VON JULIUS SPRINGER
1922

ISBN 978-3-642-47101-8   ISBN 978-3-642-47344-9   (eBook)
DOI 10.1007/978-3-642-47344-9

Vorwort.

Die vorliegende Schrift enthält in gewissem Sinne ein Programm. Denn es scheint mir an der Zeit, eine veränderte Auffassung von der Reaktionsweise der niederen Organismen in die Lehre von deren „Verhalten" hineinzubringen. Die neue Anschauung wird, wie ich hoffe, befruchtend auf den weiteren Gang der Forschung einwirken.

Bei meiner Darstellung vermag ich mich so gut wie ausschließlich auf eigene Beobachtungen zu stützen. In früheren Publikationen wurden diese letzteren bereits ausführlich mitgeteilt, und ich kann mich daher hier, wo es sich um die theoretische Auswertung der bisher gewonnenen Ergebnisse handelt, darauf beschränken, diese Angaben nur in großen Zügen zu berühren. Hinsichtlich aller Einzelheiten verweise ich auf meine Spezialarbeiten.

Neu ist in dieser Abhandlung vor allem der Begriff der „phobisch-topischen" Reaktion. Diese letztere erfreut sich nach meiner Feststellung einer recht weiten Verbreitung; ihr Wesen liegt darin, daß sie den Organismus mit einer einzigen Bewegung von einem neuen, reizsetzenden Milieu fort in das alte zurückführt; sie besteht also aus einer Kombination von Abstoßung und Anziehung. Im Laufe der Untersuchungen stellte sich des weiteren für mich immer mehr die Notwendigkeit heraus, ein besonderes Element, nämlich das der „Stimmung", in bedeutend weitergehendem Maße, als dies von seiten einiger Autoren bereits geschehen ist, in die Lehre vom Verhalten auch der niedersten Organismen einzuführen. Nicht unberührt lassen konnte ich den Begriff der „Entelechie" im Sinne Drieschs; es wäre von großem Interesse, zu erfahren, welche Stellung dieser Autor zu meinen Einwendungen einnimmt.

Zu einem höchst ablehnenden Standpunkt gelangte ich gegenüber der Loebschen Tropismentheorie. Ich schlage vor, wie einige ihrer Kritiker vor mir, sie gänzlich fallen zu lassen. Um nur einen der von Loeb begangenen Fehler schon hier zu berühren: die Morphologie muß stets die Grundlage der gesamten biologischen Wissenschaft bleiben, sonst geraten wir unweigerlich auf Abwege. Ich hoffe, bei meinen Untersuchungen diese Grundforderung niemals vernachlässigt zu haben.

Manche derjenigen Autoren, welche versuchten, uns ein sicheres und festumrissenes Bild vom Verhalten der niederen Organismen zu geben, verfuhren dabei allzu schematisch, wie z. B. Jennings und ganz besonders Loeb. Dies stellte sich im Lichte erneuter Nachprüfung unzweideutig heraus, und viele der scheinbar aufgeklärten Züge im Gebahren der niederen Organismen wurden infolgedessen von neuem höchst unsicher und problematisch. Ich glaube, einige Wege weisen zu können, welche bei zukünftigen Untersuchungen zu neuen, gesicherteren Feststellungen führen werden.

Halle, im Oktober 1922.

Friedrich Alverdes.

Inhaltsverzeichnis.

I. Der Organismus und die Umwelt.

Auf die Protisten hat sich von jeher ein ganz besonderes Interesse konzentriert. Denn vom Boden der Abstammungslehre in ihrer gangbaren Form aus wurde geschlossen, daß die Protozoen zufolge ihrer Einzelligkeit der unbelebten Natur irgendwie näher stünden als die Metazoen. Diese Anschauungsweise war eine Auswirkung der stufenförmigen oder gar stammbaumartigen Anordnung, welche man der heute lebenden Tierwelt gab.

Zugleich aber ist diese Auffassung zu verstehen als Reaktion auf jene ganz phantastischen und unkritischen Schilderungen früherer Autoren über das Gebahren der Einzelligen; man wollte nun mit höchster wissenschaftlicher Strenge vorgehen, verfiel dabei aber in das andere Extrem, indem man z. B. das Infusor mit einer Spieldose (Verworn 1889) oder mit einem isolierten Muskel (Jennings) verglich. Damit sollte gesagt werden, daß die Reaktionen der Infusorien auf äußere Reize sich in stereotyper Weise vollziehen und daß die Steuerung ihrer Bewegungen allein durch die Faktoren der Umwelt geschieht. Einer solchen Ansicht huldigt auch Loeb, der Begründer der Tropismentheorie.

Die radikale mechanistische Auffassung duldet keinen im Organismus selbst gelegenen Steuerungsapparat, weder hinsichtlich des „Verhaltens" noch hinsichtlich der Ontogenese. Lehrreich ist in dieser Hinsicht die Diskussion zwischen W. Roux, dem Begründer der Entwicklungsmechanik, und Uhlenhuth, welche in jüngster Zeit vor sich ging (1920). Roux läßt die Determination des entwicklungsgeschichtlichen Geschehens von seiten des Keimes her erfolgen; man kann diesen Forscher also einen „gemäßigten" Mechanisten nennen. Ihm gegenüber steht Uhlenhuth als ganz Radikaler, denn für ihn vollzieht sich die Determination in gleicher Weise sowohl von außen wie von innen. Ich schlug in Übereinstimmung mit anderen Autoren vor (1921), die Ontogenese als eine Kette von Reaktionen innerer mit äußeren Faktoren aufzufassen, wobei dem Keime als dem komplizierteren

Reaktionssystem stets ein erheblich größerer Anteil an der Determination des Entwicklungsganges zufällt.

Entsprechend darf man das „Verhalten" der Tiere auffassen als Reaktionen derselben auf die Lebenslagefaktoren. Ohne sein Milieu vermag kein Organismus zu existieren. Was für ein Verhalten sich ergibt, hängt einerseits davon ab, wie das Milieu beschaffen ist und von welcher Art die Gegenstände sind, die es erfüllen, und anderseits und vor allem davon, um was für ein Tier es sich handelt und in welchem physiologischen Zustande es sich befindet. Die Determination des Geschehens erfolgt immer durch äußere und innere Faktoren gemeinsam, wobei aber den letzteren stets eine weit größere Bedeutung zukommt. Es gibt also kein Verhalten und kein ontogenetisches Geschehen, das allein von äußeren oder allein von inneren Faktoren herbeigeführt („verursacht") würde, sondern nur von außen oder innen hervorgerufene Änderungen. Eine Reizung sei definiert als eine Lebenslageverschiebung, welche an dem beobachteten Organismus früher oder später — eventuell an seinen Nachkommen — eine für uns sichtbare Abänderung im Gefolge hat. Der veränderte Lebenslagefaktor bildet den Reiz. Nicht jede Milieuänderung gibt also eine Reizung ab.

Ein sehr Wichtiges charakterisiert den Organismus, daß nämlich seine Teile im allgemeinen nicht direkt mit den Faktoren der Umwelt in Beziehung treten können und ein jeder Teil nicht von sich aus Reizungen beantwortet; sondern jegliche Reaktion vollzieht sich im natürlichen Milieu und am ungeschädigten Individuum unter der Kontrolle des Ganzen. Es steht also dem Milieu, welches ein aus beliebig zusammengewürfelten Faktoren gebildetes Gleichgewichtssystem darstellt, der Organismus als eine in sich geschlossene Einheit gegenüber.

Von der Basis der mechanistischen Grundauffassung aus wird der Organismus häufig mit einer Maschine verglichen. Ich möchte diesen letzteren Begriff auf die von Menschen erbauten Gebilde beschränkt wissen. Denn die Organismen sind so kompliziert beschaffen, daß sie sich ohne weiteres nicht den von Menschenhand erbauten Maschinen gleichsetzen lassen. Ich nannte daher unter vorläufiger Annahme des mechanistischen Prinzips als einer Arbeitshypothese den Organismus eine „Über-Maschine" oder einen „Über-Automaten", der mit sämtlichen von W. Roux aufgeführten Lebenseigenschaften ausgestattet ist. v. Uexküll unterscheidet am Organismus die „maschinellen" und die „übermaschinellen" Eigenschaften; die ersteren folgen den chemischen und physikalischen Gesetzen; hinsichtlich der letzteren soll Eigengesetzlichkeit bestehen. Dieser Unterscheidung stimme ich nicht bei; denn nach der mechanistischen Anschauung geschieht bei den Maschinen wie bei den „Über-Maschinen" (den Organismen) alles nach chemisch-physikalischen Gesetzmäßigkeiten.

Immer klarer scheint es zu werden, daß der Kampf zwischen Mechanismus und Vitalismus — wie mancher andere wissenschaftliche Streit auch — wohl nie enden wird. Daß man sowohl als Mechanist wie als Vitalist ein ausgezeichneter Biologe und Experimentator sein kann, lehren zahlreiche Beispiele. Es dürfte aber meines Erachtens doch von Wert sein, bei der Weiterarbeit zu tun, „als ob" die Lebewesen dermaleinst sich als rein chemisch-physikalisch funktionierende Über-Maschinen herausstellen würden. Durchaus abzulehnen ist dagegen die Auffassung, als sei im wesentlichen alles schon mechanistisch erklärt, und nur noch einige wenige Querköpfe, denen nicht zu helfen sei, hätten sich dieser Erkenntnis bisher verschlossen. Denn daß wir mit Chemie und Physik in ihrem heutigen Zustande nicht an die Lebenserscheinungen heranreichen, dürfte wohl jedermann klar sein. Zwischen chemisch-physikalischem Geschehen und dem, was das „Leben" ausmacht, klafft also bislang eine weite Lücke; die Organismen bilden daher durchaus eine Welt für sich.

Auch die niedersten Protisten sind Organismen mit allen Attributen von solchen und stehen daher sämtlichen übrigen Lebewesen näher als jenen Artefakten, welche man zur Nachahmung von Lebensvorgängen hervorgebracht hat. Die Naturgesetze haben bei Belebtem wie bei Unbelebtem ihre Gültigkeit; aber wenn jemand glauben sollte, das Verhalten der Amoebe mit Hilfe der Bewegungen eines künstlichen Schaumes erklären zu können, so würde er einen ähnlichen Irrtum begehen, wie wenn er der Ansicht wäre, die Physiologie des Menschen an Hand der Mechanik einer Gliederpuppe erläutern zu können.

Durch das Zusammenwirken harmonierender Teile kommt schon bei der Maschine eine Funktion besonderer Art zustande. Denn ein Ganzes ist wohl die Summe seiner Teile der Masse, aber nicht der Leistung nach. Entsprechend können die vom Organismus ausgeführten Reaktionen nicht bloß als die Summe der Reaktionen von Einzelteilen verstanden werden. Selbstredend baut sich die Gesamtfunktion aus den Leistungen der Einzelteile auf, jedoch funktionieren die Teile anders im Verbande, als wenn ein jeder sich selbst überlassen bleibt. So ergibt sich beim Arbeiten in der Gemeinschaft ein Funktionieren höherer Ordnung. Im Lichte der mechanistischen Auffassung ist die Annahme entbehrlich, daß zu einem neugebildeten Organismus, einem neuen „Ganzen", ein immaterielles Agens hinzutritt, um künftighin über seinen Funktionen zu walten; das Lebensgeschehen ist dann vielmehr nichts als das Resultat eines Miteinanderarbeitens höchst komplizierter chemisch-physikalischer Faktoren, die sich zu einem Ganzen zusammengeschlossen haben.

Die Chemie lehrt, daß bei der Vereinigung zweier chemischer Körper etwas ganz Neues entsteht: ein Körper mit besonderen Eigenschaften hinsichtlich Farbe, Geruch, chemischen Affinitäten usw. Diese Qualitäten sind nicht durch Mischung oder Addition der früheren entstanden. So lassen sich die Merkmale des Schwefeleisens nicht aus denjenigen des Schwefels und des Eisens erklären. Durch Zusammenschluß der Teile wird also etwas Drittes gebildet. Ähnliches sehen wir bei der Dampfmaschine; die isolierten Einzelteile liegen bewegungslos da, während sie, zusammengefügt, Funktionen auszuüben vermögen, zu denen sie vordem nicht befähigt waren.

In diesem Sinne möchte ich verstanden werden, wenn ich angebe, daß der Organismus als ein in sich geschlossenes Ganzes die Summe seinei Teile wohl der Masse, aber nicht den Leistungen nach sei. Dies sei deshalb betont, weil ich aus Gesprächen mit Fachgenossen entnahm, daß eine meiner früheren Publikationen in diesem Punkte nicht von allen richtig verstanden wurde. Organisation, ganz allgemein gesprochen, ist nicht Zusammenballung von Teilen, von denen dann ein jeder in seiner eigenen Weise zu arbeiten beginnt, sondern Zusammenfügung derselben zu einer streng einheitlichen Tätigkeit. Wenn ein arithmetischer Vergleich gestattet ist, so wäre vielleicht zu sagen, daß die Tätigkeit eines Ganzen nicht durch Addition der Funktionen seiner aufeinander abgestimmten Einzelteile zuwege gebracht wird, sondern eher durch eine Multiplikation derselben.

Die Selektionstheorie zerlegte den Organismus in lauter „Eigenschaften" und „Merkmale", die im Kampf ums Dasein entweder nützlich oder schädlich sind; bei vererbungsgeschichtlichen Beobachtungen wurde der Augenmerk ebenfalls auf die eine oder andere Einzeleigenschaft gerichtet. Bei morphologischen und physiologischen Untersuchungen konnte allermeist nur jeweils ein bestimmtes Organ oder Organsystem herangezogen werden, sollte nicht alles im Uferlosen untergehen. Diese notwendige Beschränkung führte es mit sich, daß mancher Forscher über die Teile das Ganze vergaß. Eine Reihe rühmlicher Ausnahmen ist zu nennen, insbesondere Sachs, Rauber, Whitman. Das Ganze bestimmt nach Rauber die Teile, nicht umgekehrt.

Aus der neuesten Zeit sind insbesondere zwei Autoren zu nennen, welche das Ganze über den Teil stellen. Nach Heidenhain war die Anatomie bisher eine analytische Wissenschaft, und so kam es, daß unter den Händen der Anatomen der menschliche und tierische Körper zu einem Aggregat wurde. Aus einer reinen Analyse läßt sich aber auf keine Weise eine Theorie des Körpers gewinnen, und so bemüht Heidenhain sich, eine synthetische Morphologie aufzurichten, welche die Hilfsmittel für eine „allgemeine Theorie der Organisation" herbeibringen soll.

Der andere Autor, welcher hier angeführt werden muß, ist Stieve. Nach ihm bedingt jede, auch die kleinste äußere Beeinflussung eine Umgestaltung in der Zusammensetzung des ganzen Körpers; ihr Erfolg ist für uns allerdings nur an denjenigen Teilen zu erkennen, die auf Grund einer ererbten Beschaffenheit abänderungsfähig sind. Denn nicht nur diejenigen Organe, die wir heute als innersekretorische Drüsen bezeichnen, geben Inkrete ab; vielmehr nehmen alle Teile des Körpers, jede Zelle, mit Ausnahme vielleicht der obersten verhornten Hautschuppen, am Gesamtstoffwechsel des Körpers teil. Der Gleichgewichtszustand wird gestört, wenn ein noch so kleiner Bezirk des Körpers hinsichtlich Aufnahme und Abgabe eine Veränderung erleidet, und erst Umgestaltungen, die den Gesamtorganismus betreffen, können wieder ein Gleichgewicht schaffen, das den neuen Bedingungen entspricht. So wirkt nach Stieve ein Reiz niemals direkt auf die im Elternorganismus eingeschlossenen

Keimzellen, wie manche Autoren wollen, sondern die Abänderungen der Nachkommen sind immer nur die Folge der durch den Reiz bedingten Umgestaltungen des Gesamtkörpers.

Der Begriff des „Ganzen" spielt naturgemäß in jedem vitalistischen System eine wichtige Rolle; siehe hierüber vor allem Drieschs geistvolle Antrittsrede: „Das Ganze und die Summe." Für den Vitalisten ist der Zusammenhalt der Teile durch einen übernatürlichen Faktor gegeben, während der Mechanist sich vorstellt, daß allein die Verkettung der Funktionen und ihr unlösbares Ineinandergreifen die Teile zu einem einzigen Ganzen zusammenschmiedet. Aber sowohl der Mechanist wie der Vitalist wird zugeben müssen, daß keiner von ihnen beiden handgreiflich darzulegen vermag, wie denn nun eigentlich der Organismus funktioniert!

Ausführlich behandelt Köhler vom Standpunkte des Psychologen das Problem des „Ganzen" bezüglich der physischen „Gestalten" (im Sinne von v. Ehrenfels) in der Ruhe und im stationären Zustand.

Während der Ontogenese „reagiert" also der Organismus auf die Faktoren der Umwelt, indem er je nachdem diesen oder jenen Phänotypus ausbildet, und fernerhin vermag das Tier in der Weise zu „reagieren", daß es auf die Reize durch Körperbewegungen antwortet; letztere machen sein „Verhalten" aus. Was jedoch an Phänotypen und Verhaltensweisen nicht potentiell vorhanden ist, vermag keine Macht der Welt an einem Tier hervorzuzaubern. Der Einzelteil antwortet unter natürlichen Verhältnissen nie direkt auf eine Reizung, sondern der Reiz macht den Umweg über den Organismus, und so sind denn alle Reizbeantwortungen indirekter Art. Nicht alle Organe sind an der Determination des Geschehens in gleicher Weise beteiligt; einzelne haben die Suprematie über die anderen errungen, so bei den Metazoen die Drüsen mit innerer Sekretion und das Zentralnervensystem.

Was den Organismus ganz besonders vor der unbelebten Natur auszeichnet, ist seine Fähigkeit zur Selbstregulation (Roux). Denn die Funktionen sind nicht nur koordiniert-zweckmäßig in unabänderlicher Weise, sondern beständig greift die Kontrolle des Ganzen ändernd und regulierend ein. Wir müssen uns daher vorstellen, daß fortlaufend nicht nur form-

und funktionsbewahrende Antriebe den intakten Organismus durcheilen, sondern auch solche regulierender Natur. Die formbewahrenden Reize dürften beim Defektwerden des Ganzen sich alsbald als formbildend auswirken (daß ihnen nicht stets entsprochen werden kann, tut hier nichts zur Sache). Wir haben es also bei der Regeneration nicht immer bloß mit Nachbarschaftswirkungen (Roux), sondern wahrscheinlich auch mit Fernwirkungen durch den ganzen Körper hin zu tun. Das Vehikel derselben dürfte der Gesamtstoffwechsel sein; so ist in jedem Augenblick eine sehr weitreichende Koordination aller Teile gewährleistet. Wie können wir uns das Zustandekommen der Regulationen erklären? Ist die Annahme eines immateriellen Regulators unvermeidlich? Oder kann die Auffassung genügen, daß beim Zusammenwirken äußerst komplizierter Teile sich eine Funktion besonderer Art ergibt, bei welcher Regulation hervortritt? Dann würde die Kontrolle, die das Ganze ausübt, lediglich dadurch zustandekommen, daß im Organismus immer eins ins andere greift. Darin liegt eine Besonderheit dem Unbelebten gegenüber, wo stets zufällig aufgehäufte Einzelteile unabhängig voneinander reagieren. Eine Ausnahme in der anorganischen Welt bilden die von Menschen erbauten Maschinen, die nach einem vorbedachten Plane konstruiert sind und arbeiten.

Wir sehen, daß es für den Organismus nicht nur äußere, sondern auch innere Reize gibt, auf die er antwortet, d. h. das eine Organ wirkt auf das andere in der Weise ein, daß im Aussehen oder Verhalten des Tieres eine Änderung sich ergibt. Bei einem in Gang befindlichen und so komplizierten Getriebe, wie es der lebende Organismus darstellt, muß es als aussichtslos bezeichnet werden, in jedem einzelnen Falle entscheiden zu wollen, worauf sämtliche zu beobachtenden Veränderungen zurückzuführen sind; insbesondere muß man wohl darauf verzichten, für jede Einzelheit allemal einen äußeren Faktor aufzeigen zu wollen, obgleich in letzter Linie eine jede Änderung sicherlich in der Außenwelt wurzelt. Dazu ist das Ineinandergreifen der Reaktionsketten innerhalb des Organismus viel zu verwickelt; denn die Zahl der Reaktionen von inneren Faktoren untereinander dürfte ganz erheblich größer sein als diejenige mit äußeren Faktoren.

So ist es wohl zu erklären, daß es viele Vorkommnisse gibt, die am beobachteten Objekt „spontan" auch ohne äußere Auslösung eintreten. Es bildet sich in solchen Fällen innerlich irgendein besonderer physiologischer Zustand vor, der dann, wenn eine bestimmte Ausbildungshöhe erreicht ist, zu einer Änderung am Organismus führt. So kommen viele Spontanbewegungen zweifellos auch bei den niedersten Organismen ohne Auslösung zustande.

Jedes Individuum stellt bei allen Tier- und Pflanzenarten ein Unikum vor; außerdem ist es in keinem Moment mehr dasselbe wie in einem früheren. Es reagiert stets entsprechend seinen ererbten Anlagen und seiner Geschichte sowie derjenigen seiner Vorfahren. Im „normalen" Milieu, d. h. in einem solchen, in welches der Organismus eingepaßt ist, ereignet sich der typische Ablauf von Ontogenese und Verhalten. „Unnatürliches" Milieu kann atypisches Geschehen bedingen; denn der Regulationsfähigkeit sind Schranken gezogen. Abnützung und Tod gehören zum normalen Gang der Ereignisse; die unaufhaltsame, naturgemäße Herabminderung der Funktionen wird also nicht etwa von außen her bedingt, sondern gehört zum normalen Lebenszyklus. Eine ganze Anzahl von rhythmischen Prozessen, die am Organismus ablaufen, werden zweifellos nicht von außen induziert, wie manche Autoren wollen, sondern sind in der Konstitution der betreffenden Art begründet, wie ja auch das stündliche Schlagen der Uhr nicht auf einen äußeren Rhythmus zurückgeht, sondern in ihrer Bauart seine Ursache findet.

Das normale und das abnorme Lebensgeschehen fassen wir auf als eine Reaktion innerer mit äußeren Faktoren; individuelle Variationen sind möglich durch Abänderungen der äußeren oder der inneren Faktoren; „Abnormitäten" der Ontogenese und des Verhaltens werden in letzter Wurzel wohl stets von außen induziert sein, wenn wir auch gerade in dieser Hinsicht bei den wenigsten Fällen klar sehen.

Die Zweckmäßigkeit der Organismen (oder ihre „Planmäßigkeit", v. Uexküll) ist keine absolute, sondern sie dürfte im allgemeinen nur soweit reichen, daß sie für die Erhaltung der Art ausreicht. Jedoch konnte ich einige Zweckmäßigkeiten aufweisen, die über das rein Erhaltungsnotwendige weit hinauszugehen scheinen (1921, S. 35). Das letzte Wort ist in dieser Angelegenheit allerdings noch keineswegs gesprochen; vielleicht geschieht dies nie!

Auf atypische Lebenslagen findet der Organismus nicht immer die regulatorische Antwort; so sehen wir viele Tiere auf Gifte höchst erhaltungswidrig reagieren; dies dürfte wohl daran liegen, daß phylogenetisch die Anpassungsfähigkeit an eine solche Situation sich mangels entsprechender Lebenslagen in der Natur nicht herauszubilden vermochte. Im übrigen macht ganz besonders die Fähigkeit zur Selbstregulation den Organismus zum „Über-Automaten".

Also nicht jedes Geschehen und nicht jede Tätigkeit ist eine Regulation, sei dieser Begriff noch so weit gefaßt. Daß sie es nicht in ihrem Endeffekt sind, darüber dürfte leicht Übereinstimmung zu erzielen sein; denn die menschliche Pathologie liefert hierfür nur allzu drastische Beispiele. Aber werden die verschiedenen biologischen Vorgänge und Geschehensarten, wie sie im einzelnen auch verlaufen mögen, nicht vielleicht doch alle irgendwie wenigstens regulatorisch angelegt, nur daß durch das Dazwischentreten sonstiger Ereignisse die Regulation nicht voll erreicht wird? Dies ist eine ernstlich zu prüfende Frage; ich glaube dieselbe bezüglich des Verhaltens der Infusorien dahin entschieden zu haben, daß hier naeheinander verschiedene Stimmungen von einem Tier Besitz ergreifen können, welche mit einer aktuellen oder zukünftigen Regulation nichts zu tun haben. Sie stehen also jenseits von Nützlichkeit und Schädlichkeit und laufen insofern „autonom" und unabhängig von äußeren Reizen ab, als sich während der Versuchszeit das Milieu nicht verändert.

Auch bei vielen Mißbildungen, welche uns die Pathologie kennen lehrt, vermögen wir nichts Regulatorisches zu entdecken; allerdings liegen hier die Verhältnisse ungünstiger, weil bei der Entstehung der Monstrositäten der Beobachter nicht zugegen war. Mir scheinen diese Erörterungen deshalb nicht überflüssig, weil für manche Autoren (z. B. Jennings) im Verhalten der Tiere aber auch alles regulatorischen Charakter trägt; und in der Abstammungslehre geht Wallace so weit, anzunehmen, daß alle Charaktere, welche wir an den rezenten Tieren beobachten, wenn nicht in der Jetztzeit, so doch früher einmal von Nutzen gewesen seien. Auf zwei ganz verschiedenen Wegen kam man dazu, alles für zweckmäßig zu halten, indem man entweder teleologisch wirksame Faktoren, oder indem man eine „Allmacht der Naturzüchtung" annahm.

Es ist also in der Natur nicht alles „zweckmäßig“, es hat beim Organismus nicht jedes seine „biologische Bedeutung“; trotzdem ist aber alles kausal bedingt, hat seine „Ursache“. Biologische Bedeutung und Ursache muß man scharf auseinander halten, was nicht immer beachtet wurde. Strengste Kausalität vermag sowohl der Mechanist wie der Vitalist anzunehmen.

Bei den Metazoen verbürgt eine Koordination der Bewegungen die Anwesenheit des Zentralnervensystems. Wie steht es nun aber bei den Protozoen, die des letzteren entraten? Man hat die Ciliaten wohl auch „freischwimmende Flimmerzellen“ genannt. Damit sind sie zwar grob morphologisch charakterisiert; die Hauptsache ist aber bei dieser Definition vergessen worden, daß es sich nebenher auch noch um komplette Organismen handelt. Die Ähnlichkeit einer bei Metazoen gefundenen Flimmerzelle mit einem Infusor ist somit nur eine rein äußerliche, denn bei dem letzteren handelt es sich um ein, wenn auch winziges, so doch vollständiges Lebewesen, das nach einer Reizung seine Bewegungsorganellen autonom und auf höchst variable und dabei unter natürlichen Verhältnissen immer zweckmäßige Weise in Bewegung setzt; die Flimmerzelle eines Metazoons repräsentiert dagegen nur einen funktionell ganz unselbständigen Baustein.

Bei der Mehrzahl der Metazoen vollzieht sich der Cilienschlag „unwillkürlich“, d. h. er ist der Einflußnahme des Zentralnervensystems entrückt. Diese Tiere bilden den „cilio-irregulatorischen“ Typ. Bei anderen Metazoen, die man deshalb als zu einem „cilio-regulatorischen“ Typ gehörig zusammenfassen kann, untersteht das Flimmerkleid dem Zentralnervensystem und empfängt von ihm Impulse zu den verschiedenen Arten der Tätigkeit und zur Ruhe. Hier ist *Stenostomum* zu nennen.

Die Ciliaten sind ebenfalls zu der „cilio-regulatorischen“ Gruppe zu rechnen, denn die Flimmerung vollzieht sich bei ihnen nicht stereotyp, sondern erfolgt unter natürlichen Verhältnissen in koordiniert-zweckmäßiger Weise, indem sie jeder Situation auf das feinste angepaßt wird. Reize werden — immer ein natürliches Milieu vorausgesetzt — nicht von den Zellteilen und Organellen direkt beantwortet, sondern von der perzipierenden Oberfläche zunächst dem Zellganzen zugeleitet, und von letzterem aus fällt erst die Entscheidung über die Art und Weise der Reaktion. So gelangte ich zu dem Satze, daß mangels besonderer

morphologischer Differenzierungen die Protistenzelle selbst als
ihr eigenes Zentralorgan funktioniere; Zustände der Zelle als
Ganzen müssen danach die Grundlage für die an die Erfolgs-
organellen (die Cilien usw.) abgegebenen Impulse bilden. Im
Protist haben nicht irgendwelche morphologisch und physiologisch
ausgezeichneten Protoplasmateile die Herrschaft über die anderen
Teile in der Weise errungen, wie im Zellstaat des Metazoons
das Zentralnervensystem die Funktionen der übrigen Organe
regiert. Ganz unbekannt ist es uns jedoch, wie im einzelnen
die verschiedenen physiologischen Zustände im Protist sich her-
stellen, auf Grund derer die Impulse („inneren Reize") an die
Cilien und die übrigen Organellen ergehen. Ebensowenig aber
kennen wir die entsprechenden feineren Vorgänge in den Gan-
glienzellen der Metazoen. Es ist also festzustellen, daß wir in
keinem Falle, weder bei Metazoen, noch bei Protisten, wissen,
wie Zentralorgane im einzelnen funktionieren; die ersteren bilden
also für uns in dieser Beziehung keine Ausnahme.

II. Die Variabilität des Verhaltens.

Wenn ein Beobachter unter dem Mikroskop die in einer
Wasserprobe enthaltenen Flagellaten und Ciliaten untersucht,
so erregt zunächst das dort herrschende Durcheinander und die
kaum zu überbietende Variabilität der ausgeführten Bewegungen
seine höchste Verwunderung. Kannte er die Objekte, die er
jetzt mit eigenen Augen erblickt, zuvor nur aus Büchern, so
wußte er aus diesen, daß die Infusorien nach Art eines „isolierten
Muskels" sich verhalten und die Reize der Umwelt in ganz stereotyper Weise beantworten (Jennings). Nach den Beschrei-
bungen dürfte z. B. ein *Paramaecium* immer nur geradeaus
eilen, bis es auf ein Hindernis stößt; dann müßte es zurückweichen
und eine Dorsalwendung ausführen, um erneut vorwärts zu
schwimmen. Diese Vorwärts- und Rückwärtsbewegungen hätten
sich so oft zu wiederholen, bis das *Paramaecium* durch lauter
„Versuche und Irrtümer" einen Ausweg gefunden hätte.

Nach ähnlichen Prinzipien ist Jennings zufolge das Verhalten der Flagellaten und Ciliaten überhaupt geregelt. Alle
positiven Reaktionen sollen per exclusionem durch lauter negative

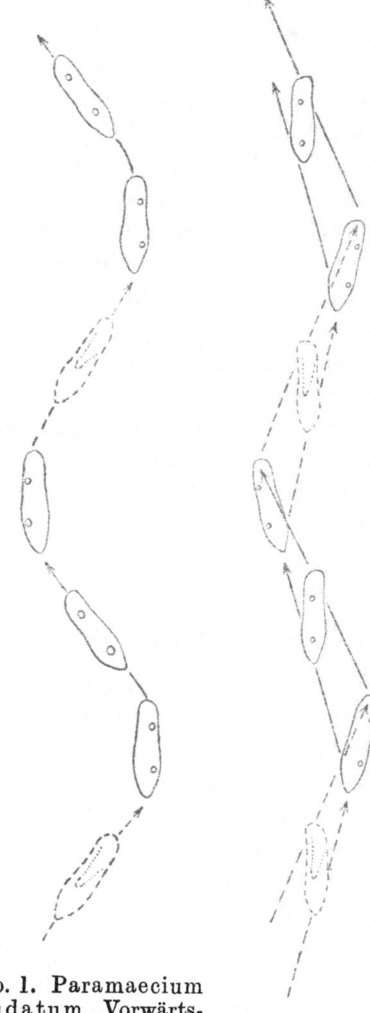

Abb. 1. Paramaecium caudatum. Vorwärtsbewegung in einer einfachen Spirale (nach Jennings die normale Lokomotion, nach meinen Beobachtungen ein seltener Fall). Der dem Beschauer zugewandte Teil der Bahn ist mit →, der abgewandte Teil mit – – – → eingezeichnet.

Abb. 2. Paramaecium caudatum. Vorwärtsbewegung in einer Doppelspirale (nach meinen Beobachtungen die normale Lokomotion).

zustandekommen. Dies trifft nach Jennings auch für viele Metazoen zu; in seinen neueren Arbeiten gibt er aber gerade bezüglich *Stentor* zu, daß hier auch direkte Hinwendungen vorkommen.

Der erste Blick überzeugt den unvoreingenommenen Untersucher, daß ein so schematisches Verhalten, wie viele Autoren es für die Protisten angeben, keinesfalls vorliegen kann. Denn er erkennt oft sowohl einfachere wie kompliziertere Bewegungen, welche sich weder nach der Jenningsschen „Versuchs- und Irrtums-Methode‟ vollziehen, noch aber sich gemäß der Loebschen Tropismentheorie erklären lassen. Erfahrungen dieser Art wurden für mich der Anlaß, auf das Verhalten der niederen Organismen mein Augenmerk genauer hinzulenken.

Beobachtet man einen Vertreter der Art *Paramaecium caudatum* während der Lokomotion, so sieht man, daß sich dieselbe im allgemeinen unter Rotation über die (vom Beobachter aus gerechnet) linke Seite auf spiraliger Bahn vollzieht. Diese Spirale soll nach Jennings eine einfache sein, indem sich Vorder- und Hinterende auf derselben Linie dahinbewegen (Abb. 1). Für den Betrachter ist dann das Tier an den Seitenteilen der Bahn scheinbar parallel der Fortbewegungsachse orientiert, während es beim jedesmaligen Überkreuzen der letzteren schräggestellt erscheint. Die Jenningssche Darstellung konnte ich an meinen Objekten nur in Ausnahmefällen bestätigen. Denn nach meinen Beobachtungen vollzieht sich bei *Paramaecium* die vorwärtsgerichtete Lokomotion vorwiegend in einer Doppelspirale, indem das Vorderende in einem weiteren Bogen herumschwingt als das Hinterende (Abb. 2). Infolgedessen ist für das Auge des Betrachters das *Paramaecium* auf den Seitenteilen der Bahn schräg zur Fortbewegungsachse gestellt, während es bei Einnahme der Mitte scheinbar parallel zur Achse steht. Dabei kommt der Eindruck zustande, als verweile das Objekt jeweils ein wenig länger an den scheinbaren Wendepunkten der Spirale als in der Mitte, was den tatsächlichen Verhältnissen aber keineswegs entspricht. Gelegentlich schleppt das Hinterende gegenüber dem Vorderende ein wenig nach, und in extremen Fällen erreicht die Schrägstellung einen solchen Grad, daß Vorder- und Hinterende auf derselben Linie sich dahinbewegen (Abb. 1). Dies kommt aber, wie gesagt, selten vor.

Ich prüfte den an *Paramaecium caudatum* erhobenen Befund, daß es sich während der Vorwärtsbewegung im allgemeinen nicht um eine einfache, sondern um eine Doppelspirale handle, bei einer ganzen Reihe von Protisten aus der näheren und weiteren Umgebung Halles nach und fand bei diesen, wenn überhaupt eine spiralige Bewegung sich vollzog, daß dann bei ihnen allen im ungereizten Zustand das Vorderende in einem weiteren Bogen herumzuschwingen pflegt als das Hinterende. Soll die Jenningssche Angabe zu Recht bestehen, so bleibt nur die Annahme übrig, daß die freilebenden amerikanischen Flagellaten und Ciliaten sich im allgemeinen grundsätzlich anders fortbewegen als die von mir untersuchten europäischen. Bisher zog ich die folgenden Arten heran: *Paramaecium caudatum, aurelia, bursaria* und *putrinum, Coleps hirtus, Colpidium colpoda, Stentor polymorphus, coeruleus* und *Roeseli, Spirostomum ambiguum, Stylonychia mytilus, Oxytricha* und lösgelöste Individuen von *Vorticella campanula* ohne Stiel, sowie *Euglena viridis*. Bei ihnen allen kann aber gelegentlich eine Vorwärtsbewegung in einfacher Spirale oder eine Rotation um die eigene Achse ohne spiralige Drehung erfolgen. In allen Fällen ist während der Vorwärtsbewegung die Dorsalfläche nach außen gewandt. Am sinnfälligsten tritt die Bewegung in einer Dorsalspirale wohl bei *Spirostomum*, dieser langen und dünnen, dabei verhältnismäßig langsam sich fortbewegenden Spezies für den Beobachter in die Erscheinung. Auch Rotatorien, z. B. *Philodina roseola*, vermögen in einer schönen Doppelspirale dahinzuschwimmen; dasselbe gilt für *Stenostomum leucops*.

Bei schwächerer Reizung kann nach Jennings eine Erweiterung der Spiralenbahn erfolgen, wie jener Autor dies für *Euglena* abbildet; nach heftigerer Reizung erfolgt eine Suchbewegung auf der Stelle. Diese beiden Bewegungsformen unterscheiden sich, wenn wir der Jenningsschen Darstellung folgen, nicht unwesentlich. Denn bei der Erweiterung der Bahn soll das Tier ähnlich schräggestellt sein wie in Abb. 1, bei der Suchbewegung auf der Stelle dagegen soll die Lage zur bisherigen Fortbewegungsachse eine ähnliche sein wie in Abb. 2, d. h. das Vorderende des Tieres ist nach außen geneigt, der Körper aber bei Dorsal- und Ventralbetrachtung nicht schräggestellt. Nach meiner Auffassung dagegen besteht kein prinzipieller Unterschied zwischen der Suchbewegung auf der Stelle und einer Erweiterung der Spiralbahn (Abb. 7); denn in beiden Fällen beschreibt der Vorderpol einen weiteren Bogen als der Hinterpol, wobei der Körper nicht quer zur Fortbewegungsachse orientiert wird.

Die Doppelspirale während der Vorwärtsbewegung kommt zustande durch Asymmetrien der Gestalt oder der Lokomotionsorganellen. Schneidet man einem *Stentor* das Peristomfeld fort, so rotiert das hintere Teilstück, wofern es sich nicht krümmt, ohne Spiralbewegung vorwärts und rückwärts um sich selbst durch das Wasser. Denn es fehlt nun die adorale Wimperspirale, durch deren Tätigkeit offenbar allein eine Doppelspirale erzeugt werden kann. Die Operation läßt sich unter dem binokularen Mikroskop mit Hilfe eines 20 bis 30 μ dicken Glasfadens sehr leicht ausführen.

Trennt man dagegen ein *Paramaecium caudatum* in der Weise durch, daß der Schnitt quer durch den Mund geht, so beschreibt bei der Vorwärtsbewegung nicht nur das die Peristomfurche

tragende isolierte Vorderende, sondern auch das Hinterende eine
schöne Doppelspirale. Dies liegt daran, daß nicht nur die Flimmerhaare des Peristomfeldes ein wenig länger sind als die übrigen,
sondern auch, wie ich zeigen konnte, diejenigen Cilien, die auf
einem bandartigen Bezirk zwischen Mund und hinterem Körperpol stehen. Dem Schlag der letzteren ist
es meines Erachtens zuzuschreiben, wenn
auch das abgeschnittene Hinterende sich
in einer Doppelspirale vorwärts bewegt.
Denn gäbe es an ihm nur gleichartige
Cilien, so könnte wohl noch eine Rotation
zuwege gebracht werden, aber nicht mehr
eine Doppelspirale. Man vermag sich die
Verschiedenheit der Cilienlängen leicht zu
verdeutlichen, wenn man auf die die Paramaecien enthaltende Wasserprobe Dämpfe
von Salmiakgeist einwirken läßt; dann
sterben die Tiere rasch; ihre Cilien stehen
ganz starr vom Körper ab und umgeben
den Umriß desselben wie ein Palisaden-
zaun; Trichocysten werden dabei nur in
ganz geringer Anzahl ausgeschleudert.

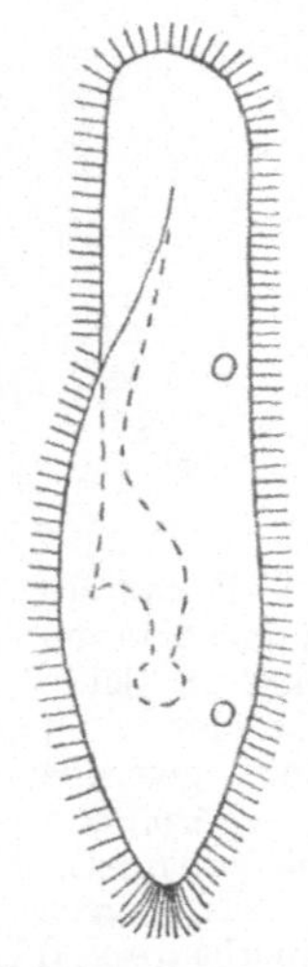

Abb. 3. Paramaecium caudatum von der linken Seite. Einge-zeichnet sind die beweg-lichen Cilien und der garbenförmige starre Endschopf, die beiden kontraktilen Vakuolen und der Cytopharynx mit der in Bildung be-griffenen Nahrungsva-kuole. — — — durch-schimmernde Konturen.

Die Doppelspirale, welche *Euglena*
beschreibt, kommt vermutlich dadurch zustande, daß die Geißel nicht genau an der
vorderen Körperspitze eingepflanzt ist;
vielleicht aber wirken auch Besonderheiten
in der Geißelbewegung mit.

Bei den vier Paramaeciumarten konnte
eine besondere Differenzierung festgestellt
werden, welche offenbar geeignet ist, bei
der vorwärtsgerichteten Lokomotion die
relative Lage des Körpers zur Fortbewegungsachse sichern zu helfen.
Am Hinterende der Arten *caudatum* und *aurelia* steht der schon von
vielen Autoren beschriebene Schopf starrer Cilien (Abb. 3); derselbe hat garbenförmige Gestalt, indem die Cilien distalwärts diver-
gieren, da die Spitze einer jeden von ihnen sich nach außen
krümmt. Dieser starre Schopf läßt sich bei den Arten *bursaria*
und *putrinum* wiederfinden; nur liegt er hier dorsalwärts ver-

schoben (Abb. 4). Bei *caudatum* und *aurelia* nahm man bisher
für den starren Endschopf eine rein tastende Funktion an; es

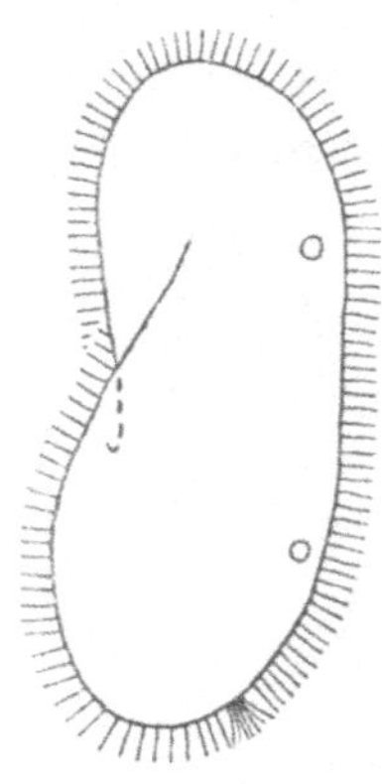

Abb. 4. Paramae-
cium bursaria von
der linken Seite.
Zu beachten ist
der dorsal gelegene
garbenförmige
Schopf starrer Ci-
lien. Alle übrigen
Flimmerhaare sind
beweglich.

wäre absurd, lediglich eine solche diesen Cilien
auch bei den beiden anderen Arten zuzuschreiben. Faßt man die Stelle näher ins Auge,
an welcher der Schopf bei *bursaria* und
putrinum eingepflanzt ist, so läßt sich konstatieren, daß er dort steht, wo die Rotations-
achse des Tieres aus seinem Hinterende her-
austritt; seine Funktion ist also vermutlich
die, wie ein Ausleger nach rückwärts zu wirken
und die charakteristische Fortbewegungsweise
zu stabilisieren.

J. Roux zeichnet auf der Ventralseite
der von ihm beschriebenen Art *Paramaecium
putrinum* einen Schopf starrer Cilien. Bei
meinem Objekt konnte ich den letzteren ebenfalls nachweisen; nur liegt er hier wie bei
bursaria nicht auf der Ventral-, sondern auf
der Dorsalseite. Ich möchte es unentschieden
sein lassen, ob J. Roux ein Irrtum unterlaufen
ist, wenn er sagt, daß an den von ihm
untersuchten Tieren die starren Cilien ventral
gelegen waren, oder ob sein und mein Objekt sich in diesem
Punkte unterschied. Denn auch in anderer Hinsicht weichen
unsere Angaben über die Morphologie von *putrinum* voneinander
ab; Roux sah zwei pulsierende Vakuolen, ich stets nur deren
eine; nach Roux sollen Trichocysten fehlen, ich fand sie immer
vor. Daher läßt sich die Möglichkeit nicht mit Sicherheit aus-
schließen, daß am Rouxschen Objekt der starre Schopf tat-
sächlich ventral stand; denn vielleicht lagen uns ganz verschiedene Rassen vor.

Über die Rückwärtsbewegung der Infusorien nach Reizung
sei hier nur soviel gesagt, daß sie sich im allgemeinen unter Rotation vollzieht. Dabei können auch Doppelspiralen zustande
kommen, oder die Tiere rotieren lediglich um sich selbst. Das
abgeschnittene Hinterende von *Stentor* rotiert jedoch im ge-
streckten Zustande rückwärts nur um sich selbst, weil die adorale
Spirale, welche eine Doppelspirale erzeugt, fehlt. Das Hinter-

ende von *Paramaecium* schwimmt dagegen rückwärts aus dem gleichen Grunde wie vorwärts in einer doppelten Spirale. *Euglena* bewegt sich niemals rückwärts.

Nach Jennings (1904 und später) kommt während der Vorwärts- und Rückwärtsbewegung bei den Ciliaten und Flagellaten nur eine Rotation über die (vom Betrachter aus gesehen) linke Seite, aber nie eine solche über die rechte vor. Der Autor modifizierte in dieser Hinsicht seine frühere Angabe (1899), nach welcher sich die Rotation bald über die eine, bald über die andere Seite vollzöge. Ich führte bei *Paramaecium* für die Rotation über die rechte Seite entsprechend der Asymmetrie des Körpers die Bezeichnung: „mit dem Schnabel voran" und für eine solche über die linke Seite die Bezeichnung „mit der Schrägkante voran" ein. Abb. 5 soll diese beiden Rotationsweisen veranschaulichen. Das Tier befindet sich auf dem vom Betrachter abgewandten Teil der Bahn, ist also von der Ventralseite her sichtbar (vgl. hierzu Abb. 2). Bewegt es sich nun in Richtung des Pfeiles *l*, so bedeutet dies die normale Lokomotion; dabei verschwindet immer der linke Teil der dem Beschauer zugewandten Fläche, während rechts stets neue Partien sichtbar werden. Wir nennen diese Rotationsart eine solche über die linke Seite oder mit der Schrägkante voran. Eilt das Tier dagegen in Richtung des Pfeiles *r* vorwärts, dann versinkt fortwährend

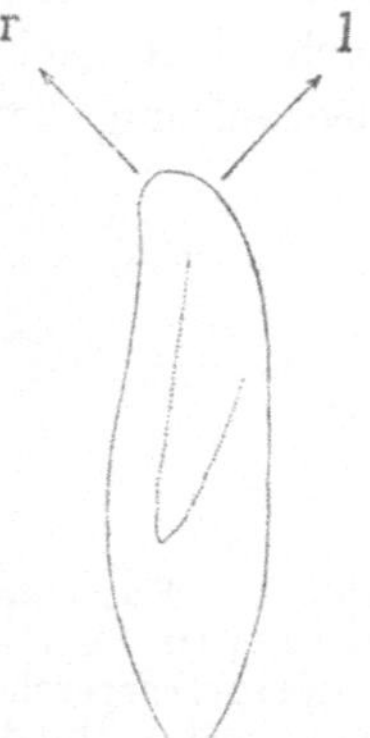

Abb. 5. Paramaecium caudatum von der Ventralseite. Richtung der Lokomotion: *r* mit dem Schnabel voran (über die rechte Seite), *l* mit der Schrägkante voran (über die linke Seite).

die rechte Körperseite und die linke steigt herauf. Das *Paramaecium* rotiert also über die rechte Seite oder mit dem Schnabel voran.

Bei Anwendung der von mir gewählten Bezeichnungen können Verwechslungen der beiden Rotationsarten nicht mehr vorkommen; achtet man dagegen nur auf rechte und linke Seite und nicht auf Schnabel und Schrägkante, so kann man Ober- und Unterseite des Tieres leicht verwechseln und gelangt so zu Irrtümern. Sieht man also ein Tier mit dem Schnabel voran sich vorwärtsbewegen, so kann dies nur bedeuten, daß es sich über seine (vom Betrachter aus gesehen) rechte Seite dreht. Und wenn bei einem Tier beständig die Schnabelseite zurückweicht, während die Schrägseite vordringt, so heißt dies, es dreht sich über die linke Seite. Nur in einem Falle würde eine Abweichung von dieser Regel vorkommen können, wenn es nämlich inverse Paramaecien gäbe, d. h. solche, welche den Normaltieren spiegelbildlich glichen; nur in diesem Falle wäre eine Rotation mit dem Schnabel voran eine solche über die linke Seite. Inverse Paramaecien sind aber bislang mit Sicherheit noch nicht nachgewiesen worden. Völlig einwandfrei wird die Beobachtung betreffs der Rotation über die linke und rechte Seite, wenn man die Tiere während der Bewegung von vorn her erblickt (Abb. 6).

Abb. 6. Paramaecium caudatum vom vorderen Körperpol her gesehen. Eingezeichnet ist Mund, Schnabel und Peristomfurche.

In mehreren Fällen sah ich Angehörige der Art *Paramaecium caudatum* sich in einer Wasserprobe mit dem Schnabel voran dahinbewegen, ohne daß die Tiere irgendwie einer künstlichen Beeinflussung unterzogen worden waren. Vermittels einer ganz bestimmten Milieuänderung gelang es dann regelmäßig, die in einer Wasserprobe enthaltenen Vertreter der Arten *Paramaecium caudatum* und *aurelia* fast sämtlich zu dieser veränderten Lokomotionsart zu veranlassen, nämlich durch eine Eindickung des Mediums mit Hilfe von Quittenschleim, Traganth und ähnlichen Mitteln. Auf anderem Wege, also z. B. durch Erwärmung, mechanische Reizung oder durch Chemikalien ließ sich das neuartige Verhalten nicht herbeiführen. Während der Rückwärtsbewegung trat bei Paramaecien nie Rotation über die rechte Seite ein, sondern immer nur eine solche über die linke; bloß während der Konjugation kam es vor, daß die zusammengefügten Paare im normalen Milieu gelegentlich auch einmal über die rechte Seite rotierten.

Auch bei *Stentor polymorphus* gelang es mir, einige Exemplare zu finden, welche ohne eine künstliche Veränderung des Wohnwassers nicht immer ausschließlich über die linke Seite, sondern gelegentlich auch einmal über die rechte Seite sich drehten. Ich nenne an dem asymmetrischen *Stentor*-Körper die morphologisch rechts gelegene Erhöhung des Peristomfeldes, welche das Cytostom

überragt, Schnabel oder Oberlippe, die auf der linken Ventralseite befindliche Partie dagegen Unterlippe. Es gibt keine andere
Möglichkeit, als daß ein *Stentor*, der mit dem Schnabel voran
rotiert, sich über seine (vom Betrachter aus) rechte Seite dreht,
und er kann nur über seine linke Seite rotieren, wenn er sich
mit der Unterlippe voran dreht. Ganz besonders deutlich wird,
wie bei *Paramaecium*, für den Beobachter die Rotation mit dem
Schnabel voran, wenn das Objekt vom vorderen oder hinteren
Körperpol her zu sehen ist.

Durch Eindickung des Wohnwassers ließ sich bei *Stentor
polymorphus* die veränderte Rotationsweise nicht herbeiführen;
vielmehr reagierten die Stentoren auf eine solche ausschließlich
durch eine ununterbrochene Fluchtbewegung rückwärts. Auch
bei *Paramaecium bursaria* führte eine Verdichtung des Mediums
zu keinem klaren Ergebnis, da die Angehörigen dieser Spezies
dann keine Lokomotion in bestimmter Richtung mehr zuwege
brachten. Wenn ein *Paramaecium bursaria* kriechend an einem
Algenfaden in einer Spirale entlang eilt, dann läuft es um denselben mit dem Schnabel voran herum; die hierbei beschriebene
Spirale ist also derjenigen im freien Medium entgegengesetzt,
was vielleicht darauf zurückzuführen ist, daß das beobachtete
Tier mit einem mechanischen Widerstand in Berührung steht.

Bei den beiden dorsoventral abgeplatteten Arten *Paramaecium
bursaria* und *putrinum* ist die Lokomotion allermeist nicht eine
schwimmende, sondern eine kriechende. Während des Kriechens
wird der Mund stets zur Unterlage gewandt. Die Cilien dienen
dabei, ganz ähnlich wie die Cirren der Hypotrichen, zum Schreiten.
Im Gegensatz zu den abgeflachten beiden Spezies befinden sich
die zylindrischen Formen *caudatum* und *aurelia*, bei denen ein
eigentliches Schreiten nicht vorkommt und die sich daher nur
schwimmend fortbewegen. Allerdings vermögen sie unter Rotation oder unrotiert über eine feste Unterlage dahinzustreichen;
im letzteren Falle können sie mit einer jeden Seite des Körpers
die betreffende Fläche berühren. Am häufigsten sieht man die
Tiere in der Weise über eine Ebene dahingleiten, daß sie die
Rotation aufgeben und die Unterlage mit der die Peristomfurche
rechts begrenzenden Kante berühren.

Ungeheuer groß ist bei den wasserlebenden Protisten die
Variabilität der Verhaltensweisen, nicht nur von Art zu Art,

sondern auch individuell und intraindividuell, d. h. die Methode des Reagierens kann bei dem gleichen Individuum von Augenblick zu Augenblick wechseln. Dieser Tatsache vermögen alle jenen Darstellungen und Theorien, welche in den Infusorien letzten Endes nichts als kleine Automaten sehen, die von den Faktoren der Umwelt hierhin und dorthin gestoßen werden, in keiner Weise gerecht zu werden. Auf Grund des von mir herbeigebrachten Beobachtungsmaterials sehe ich keinen anderen Ausweg, als sich zu der Auffassung zu bequemen, daß die „niederen" Organismen nicht weniger kompliziert, sondern nur ganz anders zu reagieren vermögen als die „höheren". Allerdings fällt uns ein Verständnis und eine Deutung ihrer Funktionen noch schwerer, als dies bezüglich der letzteren der Fall ist; denn hinsichtlich der Organisation stehen sie uns noch ferner.

Bei Eindickung des Mediums gelingt es oft, einen Grad der Dichtigkeit zu erreichen, bei welchem in Massenversuchen eine Anzahl Individuen der Arten *Paramaecium caudatum* und *aurelia* bereits mit dem Schnabel voran rotiert, während die anderen sich noch über die andere Seite drehen. Hier handelt es sich um individuelle Unterschiede und nicht bloß um Dichtigkeitsverschiedenheiten des Mediums. Denn auf der gleichen Wegstrecke, wo sich soeben das eine Individuum mit dem Schnabel voran drehte, vermag das nächste Tier noch mit der Schrägkante voran zu rotieren; es ist nicht anzunehmen, daß sich in der Zwischenzeit an der in Frage kommenden Stelle die Konsistenz des Mediums entscheidend zu ändern vermochte. Vermutlich befinden sich die betreffenden Tiere in verschiedenen physiologischen Zuständen, so daß auf die gleiche Lebenslage das eine Tier so, das andere so reagiert.

Ungleichheiten des Mediums lassen sich bei Eindickung desselben allerdings nie vermeiden; eine vollständige Homogenität zu erzeugen ist also unmöglich. Daher geschieht es nicht selten, daß sich die Mehrzahl der Versuchstiere innerhalb der Uhrschale oder auf dem Objektträger an der einen Stelle über die eine Seite dreht; gelangen diese Tiere dann an eine andere Stelle, so rotieren sie unter Umständen über die entgegengesetzte Seite. Mehrfach wurden Individuen gefunden, die an einem Ort, wo andere Individuen bereits mit dem Schnabel voran rotierten, sich noch ein Stück weit normal drehten, um dann erst in eine Fortbewegungsweise mit dem Schnabel voran zu verfallen. Augenscheinlich bedurfte es bei solchen Tieren einer längeren Zeit als bei den übrigen, bis das dichtere Medium Einfluß auf ihre Lokomotionsweise gewann.

Den Übergang von der einen Rotationsart zur anderen bildet nicht selten ein Vorwärtseilen ohne Rotation. Nicht immer gelingt es, in einer Uhrschale über die rechte und linke Seite sich drehende Individuen zu vereinigen; dann findet man vielleicht nur unrotiert vorwärtsschwimmende und mit dem Schnabel voran sich drehende nebeneinander. In seltenen Fällen geschah es, daß ein Individuum angetroffen wurde, das zu einem Rotieren mit dem Schnabel voran nicht gestimmt oder aber hierzu nicht befähigt war. Ein derartiges Tier schwamm unentwegt normal rotierend zwischen den sich bereits über die andere Seite drehenden Tieren herum, mochte es auch in ein relativ sehr dichtes Medium geraten und gelegentlich mit dem Vorderende gegen eine undurchdringliche Gallertmauer anstoßen. Die einzige Abänderung, welche die Fortbewegung dabei erlitt, war ein Aufgeben der Rotation zugunsten eines unrotierten Vorwärtsschwimmens.

Wie ich aus weiter unten mitzuteilenden Versuchen an *Stentor* schließe, treten Änderungen im Verhalten der Infusorien nicht immer bloß durch Milieuverschiebungen ein; vielmehr sehen wir, daß auch ohne Wechsel der Lebenslage das Bild, das das Versuchstier darbietet, ein anderes zu werden vermag. Es bleibt nichts anderes übrig, als hierfür wechselnde physiologische Zustände oder „Stimmungen“, die nacheinander von dem Tier Besitz ergreifen, verantwortlich zu machen. Und so scheint mir eine Berechtigung zu der Annahme vorzuliegen, daß unter Umständen ein bestimmtes *Paramaecium* allein durch verschiedenartige physiologische Zustände dazu veranlaßt werden kann, bald herüber und bald hinüber zu rotieren, ohne daß Verschiedenheiten des Milieus den Anlaß hierzu bieten.

Im Verhalten der Tiere spielen nicht nur aktuelle Reize, sondern auch die früheren eine entscheidende Rolle; ganz allgemein gesprochen ist also die Vorgeschichte des Tieres von größter Bedeutung. Sind in einer Uhrschale die Dichtigkeitsverhältnisse in der Weise verschieden, daß das Medium in den unteren Schichten dichter ist als in den oberen, so kann man gegebenenfalls die Tiere in der Nähe des Bodens mit dem Schnabel voran, in der Nähe der Oberfläche dagegen mit der Schrägkante voran sich dahinbewegen sehen. Steigt ein Individuum in die Tiefe herab, so rotiert es dort entsprechend; kommt es nun wieder zur Oberfläche herauf, so kann der Fall eintreten, daß es an genau derselben Stelle, wo es zuvor mit der Schrägkante voran rotiert hatte, jetzt mit dem Schnabel voran vorwärts eilt. Da die zum Versuch benützte Schleimmasse mit den darin enthaltenen Paramaecien vor Beginn der Untersuchung stundenlang unberührt gestanden hatte, so ist nicht anzunehmen, daß sich während der wenige Minuten in Anspruch nehmenden Beobachtung die Beschaffenheit des Mediums wesentlich ändern konnte. Die von den Paramaecien eingehaltene Bahn wurde stets mit größter Sorgfalt festgelegt; als Wegmarken dienten die in der schleimigen Masse suspendierten feinsten Partikelchen oder Detritusballen und Stücke faulender Blätter und Grashalme, die mit dem Infusorienwasser in die Uhrschale hineingelangt waren. Ich glaube daher, daß meine Beobachtungen die erforderliche Genauigkeit aufweisen.

Auch eine Art von Gewöhnung oder Anpassung an das dichtere Milieu scheint stattfinden zu können. So bewegte sich in einem Uhrschälchen die Mehrzahl der Paramaecien ohne Rotation vorwärts; einige rotierten noch normal, andere dagegen zögernd mit dem Schnabel voran. Am folgenden Tage schwammen sämtliche Tiere ohne Rotation oder normal rotierend umher; auch nicht einmal der Versuch zu einer Rotation mit dem Schnabel voran wurde gemacht. Alles Umrühren und Umschütten der Flüssigkeit von einem Gefäß in ein anderes änderte nichts an diesem Tatbestand. Erst der Zusatz einer weiteren Menge des eindickenden Mittels rief eine Drehung mit dem Schnabel voran wieder hervor. Offenbar hatten sich die Tiere an das neue Milieu gewöhnt und rotierten deshalb in demselben normal.

Die Lokomotion der Ciliaten geschieht lediglich mit Hilfe des Flimmerkleides. Nach meinen Feststellungen vermag am intakten *Paramaecium* eine jede Cilie entsprechend den ihr von der Zelle aus zugeleiteten Impulsen nach jeder beliebigen Richtung zu arbeiten. Der Cilienschlag ist also kein stereotyper wie etwa bei Geschöpfen, die zum „cilio-irregulatorischen" Typus gehören. An Planarien z. B. bleibt beim ruhenden wie beim kriechenden Tier die Flimmerung die gleiche und erzeugt einen völlig konstanten, nach rückwärts gerichteten Wasserstrom. Bei *Paramaecium* entspricht der Richtung des Cilienschlages die Rotationsrichtung und die Rotationszahl pro Wegeinheit. Beschleunigung und Verlangsamung der Flimmerung bringt das *Paramaecium* bald schneller, bald langsamer durch das Wasser; vermutlich ist auch die wechselnde Stärke des Cilienschlages von Einfluß.

Das Flimmerspiel bei den Infusorien erscheint dem Beobachter, je mehr er sich mit dieser Lebensäußerung seines Objektes beschäftigt, immer unübersehbarer und komplizierter. Fassen wir die Bewegungsformen des Cilienkleides auf als die Projektion innerer „Stimmungen" des Tieres an seine Peripherie, dann dürfen wir ohne Übertreibung sagen, daß den Infusorien offenbar ein unerschöpflicher Reichtum an solchen zur Verfügung steht. Von dem eigentlichen Zustandekommen derselben haben wir auch noch nicht die geringste Vorstellung.

An dem normal rotierenden *Paramaecium* schlagen die Cilien in der von Jennings beschriebenen Weise auf der dem Beschauer zugewandten Seite von links-vorn nach rechts-hinten, und auf der abgewandten Seite entsprechend im gleichen Sinne; der Schlag der Peristomcilien ist jedoch gegen den Mund gerichtet. Auf diese Weise wird eine Fortbewegung in einer Doppelspirale unter Rotation über die linke Seite zuwege gebracht; die Dorsalfläche ist hierbei beständig nach außen gewandt. Die Größe des Winkels, den die Schlagrichtung mit der Längsachse der Tiere bildet, ist maßgebend für die Zahl der auf einer bestimmten Wegstrecke ausgeführten Drehungen.

Bewegt sich das Tier ohne Rotation frei schwimmend dahin, so schlagen die Cilien des ganzen Körpers von vorn nach rückwärts. Ich konnte also die Jenningssche Angabe nicht bestätigen, daß das völlige Aufhören der Rotation von der Zahl und Wirksamkeit der Cilien an der morphologisch linken Seite der Mundgrube abhängt, die dann zu dieser letzteren hin, anstatt von ihr weg, schlagen. Nach dieser Auffassung müßten die Paramaecien außerstande sein, auf den Schnabel sich stützend über eine ebene Fläche dahinzugleiten. Denn die von rechts und links zum Mundfeld hin schlagenden Cilien müßten das Vorderende von der Unterlage fortbewegen.

Bei der rückwärts gerichteten Fluchtbewegung rotiert das *Paramaecium* über die linke Seite; die Cilien schlagen dann auf der dem Beobachter zugewandten Fläche von links-hinten nach rechts-vorn. Es erfolgt also eine Änderung der Schlagrichtung um 90°, aber nicht um 180°, wie man angesichts der Aussage mancher Autoren, beim Übergang von der normalen Vorwärtsbewegung zur Rückwärtsbewegung kehre sich die Schlagrichtung der Cilien um, schließen könnte. Diese letztere Angabe ist zum mindesten sehr ungenau. Bei mäßig starker Flucht arbeiten die Peristomcilien weiterhin in Richtung des Mundes; bei lebhafter Flucht beteiligen sie sich ebenfalls am Zustandekommen der Rückwärtsbewegung.

Während der Rotation mit dem Schnabel voran schlagen die Cilien am ganzen Körper gleichsinnig und zwar auf der dem Beobachter zugekehrten Fläche von rechts-vorn nach links-hinten, also jetzt mehr in der gleichen Richtung wie die Peristomcilien. Fluchtbewegung rückwärts über die rechte Seite sah ich nur bei kopulierten Paaren und zwar im natürlichen Medium; der wirksame Schlag der Flimmerhaare muß dann an der Seite des Untersuchers von rechts-hinten nach links-vorn gerichtet sein.

Gerät ein *Paramaecium* an einen festen Gegenstand, so kann es sich an demselben festlegen. Ob das Tier dies tut oder ob es ausweicht, hängt durchaus von „Stimmungen“ ab. Die Festheftung geschieht mit Hilfe einer Anzahl von Cilien, welche auf den Berührungsreiz hin thigmotaktisch starr gehalten werden. Die übrigen Cilien aber müssen am ruhenden *Paramaecium* durchaus nicht etwa stillstehen. Die Peristomcilien befinden sich stets in lebhaftester Tätigkeit, wodurch beständig ein Wasserstrom zum Munde hingeführt wird. Auch die lokomotorischen Flimmerhaare vermögen am stilliegenden *Paramaecium* zu arbeiten. Man sieht dann in den meisten Fällen nebeneinander Bezirke ruhender und schlagender Cilien; die Grenzen vermögen ununterbrochen zu wechseln. Die Stärke der Bewegtheit der Cilien ist den mannigfachsten Abstufungen unterworfen; man sieht ein kaum merkliches Zittern und Schwanken, ein wirkungsloses Hin- und Herschlagen oder aber auch den geordneten Schlag größerer Cilienpartien, durch welchen eine lebhafte Wasserströmung hervorgebracht wird.

Ob diese scheinbar spielerische Tätigkeit der verschiedenen Cilienbezirke von Impulsen abhängt, die vom Zellganzen ergehen, oder ob sie mehr der Ausdruck einer gewissen Autonomie der einzelnen Flimmerelemente ist, die sich während der Ruhe des Tieres herstellt, läßt sich schwer ermessen. In jedem Moment besteht aber die Möglichkeit, daß das gesamte Cilienkleid durch einen einheitlichen Impuls wieder zu einer koordinierten Tätigkeit zusammengefaßt wird. Und auch am ruhenden Tier scheint eine Kontrolle über die Flimmertätigkeit immer noch ausgeübt zu werden; denn es kommt niemals vor, daß zwei Cilienbezirke am intakten Tier entgegengesetzt arbeiten, woraus gegeneinander-gerichtete Wasserströmungen sich ergeben würden.

Bei Berührung besteht für die Cilien kein absoluter Zwang, thigmotaktisch stillzustehen; alles hängt hier offenbar von den physiologischen Zuständen des Tieres ab. Es können also trotz Berührung sämtliche in Betracht kommenden Cilien mit der Flimmerung fortfahren. Oder es ruht ein Teil derselben, während der andere weiterarbeitet, obwohl sie alle genau den gleichen äußeren Verhältnissen unterliegen. Dann kann man nur annehmen, daß verschiedenartige Impulse die einzelnen Cilien treffen. Deut-lich tritt der Übergang von dem einen physiologischen Zustand zu dem andern hervor, wenn die Cilien sich zunächst in starrer Haltung gegen einen Fremdkörper stützen, um dann plötzlich in lebhafte Tätigkeit zu verfallen und denselben fortzuschleudern, ohne daß das Individuum selbst sich fortbewegt. Das Ver-halten der Cilien ist also nie durch äußere Bedingungen allein bestimmt.

Bei Berührung vermag die Zone der in Ruhe gehenden Cilien größer zu sein als der vom Fremdkörper berührte Bezirk. Viel-leicht darf man diese Erscheinung so deuten, daß der Berüh-rungsreiz noch ein Stück weit fortgeleitet wird; ob derselbe mehr direkt von der Basis der einen Cilie zu der der anderen übertragen wird, oder ob er den Umweg durch übergeordnete Teile nimmt, möge unentschieden bleiben. Die Zone der Ruhe kann sich so-wohl nach dem Vorder- wie nach dem Hinterpol zu oder nach beiden Seiten über den berührenden Körper hinaus ausbreiten. Die Angabe Pütters trifft also nicht zu, daß die Leitung im wesentlichen nur kaudalwärts erfolge.

In einem Falle sah ich, wie durch die Strömung ein Algen-faden langsam gegen die rechte Seite eines *Paramaecium* heran-getrieben wurde und zwar in der Weise, daß derselbe zuerst mit dem Hinterende des Tieres in Kontakt kam. Die berührten

Cilien stützten sich daraufhin gegen den Faden. Während sich nun die weiteren Teile des letzteren dem *Paramaecium* ebenfalls näherten, gaben die Cilien, welche als nächste berührt werden mußten und zufällig alle in Ruhe waren, ihre zur Körperoberfläche senkrechte Haltung auf und neigten sich kaudalwärts dem herannahenden Algenfaden entgegen, so daß dieser senkrecht auf sie auftraf. Jene Cilien setzten sich also zu einer Unterlage schon in Beziehung, die sie selbst noch gar nicht, sondern zunächst nur ihre Nachbarn berührten. Sie neigten sich aber wohl nur deshalb zu dem Faden herüber, weil sie selbst im nächsten Augenblick mit ihm in Berührung treten mußten; denn sonst findet ein Hinneigen der Cilien in Richtung auf einen Fremdkörper, den sie gar nicht berühren, nicht statt. Diesem Gerichtetwerden der Cilien gegen den Algenfaden, welcher sich, von hinten beginnend, allmählich eine Strecke weit auf den Infusorienkörper legt, scheint mir eine zweckmäßig-koordinierte Impulsfolge zugrunde zu liegen, welche niemals von einer bloßen „freischwimmenden Flimmerzelle" ausgehen könnte; um dies zu leisten, dazu ist schon ein ganzer Organismus benötigt. Es genügt nicht nur die Annahme, daß hier lediglich ein Reiz von einem „Flimmerelement" zum anderen direkt überspringt, sondern es müssen auch übergeordnete Teile mit im Spiele sein.

Man kann den geschilderten Vorgang vielleicht mit dem von Tastbewegungen begleiteten Schreiten mancher Hypotrichen vergleichen. So biegen z. B. *Lionotus* und *Loxophyllum* das Vorderende hin und her, und wenn das betreffende Tier mit einigen Cirren gegen einen festen Gegenstand stößt, dann werden auch die übrigen Cirren gegen diese Unterlage gerichtet und nach entsprechender Körperwendung auf diese niedergesetzt.

Auch bei den in Lokomotion befindlichen Paramaecien schlagen oft nicht sämtliche Cilien, sondern nur größere oder kleinere Bezirke. Dann stellt sich einerseits eine verlangsamte Fortbewegung und anderseits eine Abweichung von der Geraden ein. Schlagen z. B. bei der unrotierten Vorwärtsbewegung nur die Cilien der linken Seite, während die der rechten Seite ruhen, so krümmt sich die Bahn nach rechts. Bei anderer Verteilung von ruhenden und bewegten Zonen ergeben sich entsprechende Modifikationen; hierbei können ganz unübersehbare Verhältnisse entstehen.

Nicht nur im freien Wasser, sondern auch ganz besonders längs einer ebenen Fläche vermögen Paramaecien und Stentoren unrotiert vorwärts zu schwimmen. Ebenso gleitet *Spirostomum* über eine Unterlage vielfach ohne Rotation dahin. Vielleicht schlagen hierbei die Cilien nicht immer absolut genau nach rückwärts, so daß dann auch die thigmotaktisch starr wider die Unterlage gestützten Flimmerhaare für das Nichtzustandekommen der Rotation von Bedeutung sind.

Jennings gibt an, bei den Infusorien vollziehe sich die Fluchtreaktion im allgemeinen in der Weise, daß auf das Zurückweichen eine Abwendung stets nach der gleichen, morphologisch gekennzeichneten Seite erfolge; dann eile das Tier wieder vorwärts. So soll bei freischwimmenden Stentoren immer eine Abwendung nach der rechten aboralen Seite geschehen. Die Jenningssche Angabe prüfte ich an *Stentor polymorphus* nach. Meine Beobachtungen ergaben, daß die Tiere nach einer unter Rotation über die linke Seite vollzogenen Fluchtbewegung sich in jede beliebige neue Richtung wenden können, wobei sie sich über die linke Seite drehen. Sie vermögen sich also ebensowohl dorthin zu wenden, wo sich bei Aufhören der Rückwärtsbewegung ihre Dorsalseite befand, wie dorthin, wo ihre Ventralfläche gelegen war.

Es kann dabei also die Drehung des Tierkörpers um seine Längsachse 180° betragen; unter Umständen ist aber auch der Winkel ein kleinerer. Bei denjenigen Individuen, welche während der Vorwärts- und Rückwärtsbewegung gelegentlich auch über die rechte Seite rotierten, wurden die Verhältnisse entsprechend komplizierter, da auf eine Rotation über die eine Seite während der Rückwärtsbewegung eine solche über die andere Seite während der darauffolgenden Vorwärtsbewegung eintreten konnte; prinzipiell Neues bot aber die Beobachtung derartiger Fälle nicht. Es stellt sich also heraus, daß das Verhalten, welches nach Jennings bei *Stentor* alleinig vorkommen soll, — wenigstens an meinen Objekten — nur eine Möglichkeit unter vielen anderen bildet. Die Bewegungsmöglichkeiten nach einer rückwärts gerichteten Fluchtbewegung sind also bei *Stentor* erheblich zahlreicher, als Jennings angibt; mit mehr Recht kann man die Lokomotion von *Stentor* unendlich mannigfach nennen, als daß man sagt, sie vollzöge sich in stereotyper Weise.

Eines der ungeklärtesten Kapitel der Physiologie ist die Flimmerbewegung. Man sieht dieselbe an zahlreichen Objekten und anscheinend immer mit der gleichen spielerischen Leichtigkeit sich vollziehen; aber jeder tiefere Einblick in ihr Zustandekommen ist uns bisher verschlossen.

Nach Verworn (1894) schlägt das Flimmerelement autonom; diese Auffassung konnte ich bestätigen. Das einzelne Flimmerelement trägt also den Antrieb zum Schlagen in sich selbst; doch kontrollieren bei den „cilio-regulatorischen" Tierformen übergeordnete Teile beständig diese Tätigkeit. Legt man ein *Paramaecium caudatum* durch Druck unter dem Deckglase fest, so treten an seiner Körperoberfläche sehr bald helle Tropfen hervor, die, da wir ihre Natur nicht kennen, als „hyaline Tropfen" bezeichnet werden sollen. Die Tropfenoberfläche zeigt anfangs eine flüssige Beschaffenheit, sehr bald aber tritt ein von außen nach innen fortschreitender Gerinnungsprozeß ein. Wo die hyalinen Tropfen sich bilden, gehen die Cilien verloren, indem sie meist ohne ihr Basalkörperchen ausfallen; dann sind sie nicht mehr zum Schlagen, sondern höchstens vielleicht noch zu einer konvulsivischen Zuckung befähigt.

Gelegentlich geraten einzelne Cilien, wenn sie noch ein Basalkörperchen besitzen, oder auch ganze Cilienbüschel auf die Oberfläche der in Bildung begriffenen Tropfen und beginnen dort umherzuwandern. Diese Eigenbewegung wird wohl hauptsächlich dadurch erzeugt, daß die Wirksamkeit des Schlages bald nach der einen, bald nach der anderen Seite überwiegt; doch können diese Differenzen nur geringfügige sein; denn im übrigen schlagen die Cilien in völlig stereotyper Weise hin und her. Bei jedem Schlage gleitet der Fußpunkt der Cilie entsprechend ein wenig hinüber und herüber. Die Cilien schlagen nach meinen Beobachtungen nicht etwa im Kreise herum, sondern in einer Ebene hin und her.

Wenn die Flimmerhaare auf die Tropfenoberfläche gelangt sind, befinden sie sich in äußerst rascher Tätigkeit; allmählich aber sinkt ihre Schlagfrequenz, bis nach wenigen Minuten vollständiger Stillstand eintritt. Im Gegensatz zu den Cilien auf den Tropfen stehen diejenigen, welche noch der lebenden Zelle anhaften; denn letztere sind abhängig von den Impulsen, die ihnen das übergeordnete Protoplasma erteilt, und arbeiten daher wirksam in der einen oder anderen Richtung oder unwirksam, und zwar bald schnell, bald langsam, oder sie stehen still. Die auf den hyalinen Tropfen befindlichen Cilien arbeiten dagegen in ganz stereotyper Weise, bis der vorhandene Energievorrat verbraucht ist. Eine mit ihrem Basalkörperchen isolierte Cilie besitzt also noch für eine gewisse Zeit die Fähigkeit zur Flimmertätigkeit. Man kann aber deshalb das Basalkorn noch nicht als ein kinetisches Zentrum ansprechen; denn von einer etwaigen funktionellen Überordnung des einen Teils über den anderen wissen wir bisher gar nichts.

Verworn unterscheidet bei der Flimmerbewegung eine kontraktorische und eine expansorische Phase; der wirksame Schlag soll auf einer aktiven Kontraktion beruhen, die entgegengesetzte Bewegung dagegen auf einem mehr passiven Zurückschnellen vermöge der Elastizität. Meines Erachtens ist die genannte Unterscheidung eine durchaus willkürliche; denn bei Cilien, die nicht in einer bestimmten Richtung wirksam schlagen, ist sie unanwendbar. Ganz besonders aber dürfte es bei Cilien auf den hyalinen Tropfen schwer fallen, herauszufinden, was denn nun die kontraktorische und was die expansorische Phase ist. Soll überhaupt von einer Kontraktion gesprochen werden, so beruht nach meiner Ansicht die Bewegung in beiden Richtungen auf einer solchen.

Wenn die Cilien auf der Tropfenoberfläche hin und her wandern, können einzelne von ihnen dabei aneinander geraten und sich für kürzere oder längere Zeit zu einem Büschel vereinigen. Kölsch hat diese Erscheinung auch schon beobachtet, ohne ihre Bedeutung aber zu würdigen. Je nach der Zeit, welche seit der Loslösung der Cilien verstrich, arbeiten dieselben schneller oder langsamer. Es können nun Flimmerhaare, die zuvor in verschiedenem Tempo schlugen, beim Zusammentreten in einen gemeinsamen Rhythmus verfallen. Immer muß dies nicht geschehen, sondern auch nach der Aneinanderlagerung kann jede für sich weiterarbeiten, bis eine Trennung eintritt. Der gemeinsame Rhythmus dürfte rein mechanisch durch die im Wasser hervorgerufene Druck- und Saugwirkung und vielleicht auch durch die leichte Erschütterung der Tropfenoberfläche hergestellt werden und den Kompromiß abgeben zwischen den beteiligten Einzelkräften. Die Harmonie tritt manchmal bereits ein, bevor sich die beiden Partner einander völlig genähert haben; der übereinstimmende Schlag kann also nicht etwa auf die Weise zuwege gebracht werden, daß ein entsprechender Impuls von einem Basalkörper zum anderen überspringt.

Meine Beobachtungen erinnern an diejenigen von Ballowitz an *Colymbetes*, wo sich an den im Vas deferens durch eine Klebmasse zu großen Walzen vereinigten Spermatozoen ebenfalls ein einheitlicher Rhythmus nicht durch eine protoplasmatische Reizleitung, sondern auch rein mechanisch herstellt. Es soll aber keineswegs behauptet werden, daß die Metachronie des Cilienschlages auch am intakten Tier auf diesem Wege herbeigeführt wird. Im Gegenteil dürften hier das Maßgebende die vom Protoplasma her übermittelten Impulse sein.

Auf den hyalinen Tropfen vermögen unter Umständen ganze Cilienbüschel zusammenzutreten. Manchmal wird eine Gleichheitlichkeit des Schlages dabei in keiner Weise erreicht; dann kommt es schließlich zur Abspaltung der widerspenstigen Elemente oder zur Auflösung der ganzen Gruppe. Gelegentlich gesellt sich zu einer in größter Harmonie arbeitenden Ansammlung ein Neuankömmling, um sogleich das größte Durcheinander herbeizuführen. Erst wenn eines oder mehrere der bisherigen Mitglieder des Cilienbüschels sich abgetrennt haben, kommt ein neuer Rhythmus zustande, der nun wohl wesentlich von seiten des Eindringlings bestimmt wird. Liegen zwei Paramaecien nahe beieinander, so kann es geschehen, daß mehrere unter den von den beiden Tieren aus gebildeten Tropfen zusammenfließen. Dabei konnte ich in einem Falle feststellen, daß Cilien, die von zwei verschiedenen Individuen herstammten, sich auf der Oberfläche eines Tropfens in gemeinsamem Rhythmus zusammenfanden.

Die auf einem hyalinen Tropfen befindlichen Flimmerhaare zeigen keine Thigmotaxis mehr; wie sich an Paramaecien gezeigt hat, die durch Druck zerfließen, ist es zum Zustandekommen dieser Reaktion notwendig, daß die betreffenden Cilien noch mit einem größeren protoplasmatischen Basalbezirk in Zusammenhang stehen. Thigmotaxis der Cilien kennzeichnet sich dadurch als eine indirekte Reaktion; wohl empfängt das Flimmerhaar den Berührungsreiz, doch leitet es diesen offenbar über das Basalkörperchen hinaus in das Protoplasma fort, und hier erst fällt die Entscheidung, ob Ruhe oder Weiterschlagen erfolgen soll.

Wie die Ciliaten, so gehören die freischwimmenden Turbellarien zum „cilio-regulatorischen" Typus; denn die große Variabilität der Lokomotionsweise bei diesen Würmern wird einerseits durch Körperbewegungen hervorgebracht, die sie mit Hilfe ihrer Muskulatur auszuführen vermögen, anderseits aber durch die mannigfaltigen Cilienbewegungen, die sich je nach den vom Zentralnervensystem abgegebenen Impulsen modifizieren.

Bei den kriechenden Turbellarien ist die Flimmerung eine stereotype. Das betreffende Tier mag ruhen oder geradeaus kriechen, in einer Wendung begriffen sein oder sein Vorderende zurückziehen, immer ist die Richtung des unmittelbar an der Körperwand verlaufenden Wasserstromes nach rückwärts und niemals nach vorwärts gerichtet. Änderungen der Lokomotionsform können also nicht auf die Flimmerung zurückgehen. Ich sprach die Vermutung aus, daß das Tier sich des selbstproduzierten Schleimes bedient, um seine Bewegungsweise zu regulieren, indem es, wenn kein Schleim abgesondert wird, durch den zuletzt sezernierten an der Unterlage festhaftet; strömt auf nervösen Einfluß hin neuer Schleim, dann gleitet das Tier in diesem vorwärts. Außerdem werden die von Wilhelmi beschriebenen wellenartigen Bewegungen der Kriechsohle eine Rolle bei der Lokomotion spielen.

Bei Betäubung Angehöriger der kriechenden Turbellarienarten schlagen die Cilien in genau der gleichen Weise weiter wie zuvor nach rückwärts; sie sind vollständig unbeeinflußt durch eine Ausschaltung des Zentralnervensystems und lassen sich durch Narkotika nicht zu einem reversiblen Stillstand bringen. Versetzt man Vertreter der Art *Vortex viridis* in eine 0,1 prozentige Kokainlösung, so geben sie sehr bald das Kriechen auf und beginnen, unrotiert geradeaus durch das Wasser zu schwimmen. Nach etwa einer halben Stunde befinden sich die Versuchstiere in tiefer Narkose. Brachten anfangs allerlei Körperkrümmungen noch einige Abwechslungen in die Lokomotionsweise, so schwimmen die Tiere jetzt in ganz stereotyper Weise durch das Wasser dahin; wo sie gegen ein Hindernis rennen, werden sie durch dieses angehalten, ohne daß sich der Cilienschlag in irgendeiner Weise verändert. In frischem Wasser erwachen die Versuchsobjekte bald, was aus dem Einsetzen von Muskelkontraktionen ersichtlich ist.

An Exemplaren von *Dendrocoelum lacteum* gelang mit dem gleichen Narkotikum eine Betäubung. Die Tiere lagen dann, ventralwärts ringförmig eingebogen, auf dem Boden des Gefäßes. Die Muskulatur war erschlafft. Auf Anstechen mit einer Nadel reagierten die Tiere in diesem Zustande ebensowenig wie *Vortex*. War *Dendrocoelum* von Schleimmassen umgeben, so mußte man das Objekt von diesen befreien und es auf die Seite legen, so daß es mit der einen Flanke die Unterlage berührte. Dann begannen die betäubten Tiere vermöge der durch die Narkose nicht unterbrochenen Flimmerung mit dem Kopf voran im Sinne ihrer Ventralkrümmung konstant zu rotieren, bis man sie durch Überführung in frisches Wasser erweckte.

Von den kriechenden Turbellarien unterscheiden sich die freischwimmenden grundsätzlich dadurch, daß sie ihren Cilienschlag je nach den Erfordernissen der Lage zu regulieren vermögen. Ich konnte für *Stenostomum leucops* nachweisen, daß die Cilien offenbar direkt dem Zentralnervensystem unterstehen und nicht etwa indirekt durch den Kontraktionszustand der daruntergelegenen Muskulatur beeinflußt werden, wie Mayer dies für Ctenophoren und marine Flimmerlarven beschreibt. Nach meinen Feststellungen besteht bei *Stenostomum* vollständige Unabhängigkeit zwischen Flimmertätigkeit und Muskelbewegungen. Allerdings arbeiten beim Zustandekommen der Lokomotion Cilien und Muskeln in höchst koordinierter Weise Hand in Hand; macht das Tier eine Wendung, so krümmt es sich mit Hilfe seiner Muskulatur entsprechend, und gleichzeitig können dann auf der betreffenden Seite mehr oder minder große Cilienpartien sich stillverhalten, ohne daß dies aber regelmäßig geschieht.

Durch eine Narkose wird bei *Stenostomum* das Zentralnervensystem, welches Impulse an die Cilien abzugeben vermag, ausgeschaltet. Am leichtesten stellt man eine Betäubung vermittels Dämpfen von Chloroform, Alkohol oder Äther her, die man auf die Wasserprobe einwirken läßt, in welcher sich die Versuchstiere befinden. Die Cilien werden nun unabhängig vom Zentralnervensystem und bleiben sich selbst überlassen; sie beginnen dann in ganz stereotyper Weise schräg nach rückwärts zu schlagen. Infolgedessen wird das betäubte Tier in eine Lokomotion unter Rotation über die linke Seite versetzt; ist sein Körper geradegestreckt, so dreht er sich bei der Vorwärtsbewegung um sich selbst; ist die vorderste Spitze ein wenig ventral eingekrümmt, dann beschreibt das Tier eine Doppelspirale wie ein Infusor, wobei das Vorderende einen weiteren Bogen als das Hinterende beschreibt. Längs einer Unterlage schwimmen die Tiere wohl auch unrotiert dahin; dann spielen zweifellos thigmotaktisch starr gehaltene Cilien eine Rolle. Ebenfalls bei nicht betäubten Exemplaren kann man gelegentlich ein Schwimmen in einer Doppelspirale beobachten.

Rennt ein betäubtes *Stenostomum* wider irgendein Hindernis, so wird es durch dieses aufgehalten, ohne daß der Cilienschlag deshalb irgendeine Abänderung erfährt. Daher kommt es, daß über kurz oder lang ein jedes narkotisierte Exemplar sich in einer Ecke fängt. Bei betäubten Tieren sieht man noch schöner als bei intakten das thigmotaktische Verhalten berührter Cilien, denn hier fehlen infolge Ausschaltung des Zentralnervensystems alle Impulse zu irgendwelchen besonderen Tätigkeiten der Flimmerhaare.

Wenn das narkotisierende Mittel allmählich aus dem Wasser entweicht, pflegen die Tiere langsam zu erwachen. Das erste Anzeichen hierfür ist darin zu sehen, daß die Tiere nach Anrennen gegen ein Hindernis sich durch schwache Krümmungen des Körpers in vielen Fällen selbst befreien. Bald darauf können Modifikationen des Cilienschlages und heftigere Kontraktionen der Muskulatur auftreten.

Darf man nun aussagen, ein in tiefer Narkose befindliches *Stenostomum leucops* sei im Prinzip zu einem Infusor geworden? Als Vergleichspunkte könnte man die folgenden nennen: in beiden Fällen sind die der Lokomotion dienenden Flimmerhaare vorhanden; die walzenförmige äußere Körpergestalt und das Protoplasma, in welches die Cilien eingepflanzt sind, blieb intakt; ein Zentralnervensystem und die Muskulatur fehlt bzw. ist ausgeschaltet. Eine solche Auffassung wäre aber, falls sie laut werden sollte, durchaus abzulehnen. Denn ein intaktes Infusor ist ein vollständiger Organismus, ein narkotisiertes *Stenostomum* dagegen ein höchst unvollständiger. Ein sehr Wichtiges mangelt ihm nämlich: das sensorische und motorische Zentrum, zu welchem Reize, die die perzipierende Oberfläche treffen, hingeleitet und von dem Impulse zur lokomotorischen Reizbeantwortung an die Bewegungsorgane abgegeben werden. Bei den

Infusorien übernimmt diese Funktion die Zelle selbst, denn die Protistenzelle ist nach meiner Definition ihr eigenes Zentralorgan. Bei einem betäubten *Stenostomum* ist die Lokomotion infolge Ausschaltung des Zentralnervensystems zu einer ganz stereotypen geworden. Am ehesten darf man ein narkotisiertes *Stenostomum* mit einem Stück losgelöster Rachenschleimhaut des Frosches vergleichen, denn bei geeigneter Lage rotiert dasselbe in ganz gleichförmiger Weise um sich selbst.

Von Interesse scheint es mir, bei den Turbellarien vom cilio-regulatorischen und -irregulatorischen Typus die morphologische Basis der Verschiedenheiten ihrer Cilienfunktion aufzuzeigen, indem man etwa bei den ersteren eine besondere Verbindung zwischen Flimmerzellen und Nervensystem nachwiese.

Bei *Paramaecium caudatum* gelang es mir auf keine Weise, eine Narkose zuwege zu bringen; entweder sind die behandelten Tiere tot oder, wenn auch unter mehr oder weniger starken Deformationen ihres Körpers, flimmernd, aber nie betäubt. Andere Autoren machten ähnliche Erfahrungen; mir ist keine Literaturangabe bekannt geworden, aus der mit voller Sicherheit eine Narkotisierbarkeit von Paramaecien hervorgeht. Bevor bei stärkerer Einwirkung des verwendeten Mittels eine Schädigung des Individuums und damit eine Herabsetzung seiner Lokomotionsfähigkeit eintritt, schwimmt dasselbe lebhafter umher als vordem; diese Erscheinung ist aber wohl weniger so zu deuten, daß das chemische Agens die Tätigkeit der Bewegungsorganellen direkt beschleunigt, als daß das Tier den Reiz mit Hilfe seines chemischen Sinnes perzipiert und nun verstärkte Bewegungsimpulse abgibt.

Verworn (1889) narkotisierte *Stentor coeruleus,* Ishikawa dieselbe Art sowie *Stylonychia* und *Oxytricha.* Bei meinen früheren Versuchen war mir eine Betäubung von *Stentor polymorphus* leicht und ohne besondere Vorsichtsmaßnahmen gelungen, indem ich ein wenig Chloroformwasser zu dem Infusorienwasser hinzutropfte. Der Körper des Tieres war dann halb ausgestreckt, wie dies schon Verworn beschreibt; es stand dabei nur die adorale Wimperspirale still, die übrigen Körpercilien flimmerten weiter, ohne aber eine Lokomotion des Individuums zuwege zu bringen.

Bei neueren Versuchen, die ich mit *Stentor coeruleus* und *Roeseli* anstellte, vermochte ich nicht, ohne erhebliche Schädigung des Individuums einen reversiblen Stillstand der adoralen Membranellen herbeizuführen. Es erging mir also in diesem Falle wie Neresheimer, welcher angibt, daß ihm eine Narkose bei *Stentor* nie gelungen sei. Die erste sichtbare Einwirkung war nach ihm stets sogleich eine tödliche. Der Gedanke liegt nahe, daß der Unterschied des Ergebnisses aus irgendwelchen unbemerkt gebliebenen Differenzen in den äußeren Bedingungen entsprang. Es kann z. B. bei den beiden Versuchsreihen eine Verschiedenheit in der Wasserstoffionenkonzentration vorgelegen haben, was nach Bresslau bei Infusorien auf den Grad der Giftigkeit verschiedener Agentien von größtem Einfluß ist.

Über die Variabilität des Verhaltens der Amoebe haben insbesondere Jennings und zur Strassen Beobachtungen und Betrachtungen angestellt; hierauf wird im letzten Kapitel kurz zurückzukommen sein.

III. Die Reaktionsarten.

Auf Grund meiner Untersuchungen gelangte ich zu dem Satze, daß den Organismus niemals ein Tropismus, sondern stets eine Unterschiedsempfindlichkeit leitet. Ich unterscheide bezüglich der letzteren eine solche für ein Nebeneinander von einer solchen für ein Nacheinander. Beide Formen der Unterschiedsempfindlichkeit bestehen z. B. für das Auge des Menschen und für seine Haut; mit Hilfe seines Geruchsorganes vermag er dagegen nur ein Nacheinander wahrzunehmen; gleichzeitig dargebotene Gerüche mischen sich für ihn. Will er sich über die Diffusionsrichtung eines heranströmenden gasförmigen Körpers orientieren, so saugt er durch die Nase verschiedentlich Proben von mehreren Seiten ein, indem er den Kopf umherwendet oder sich womöglich von seinem Platze fortbewegt; er läßt also ein Nacheinander auf sich wirken. Bei den Metazoen befindet sich bereits jedes einzelne Auge allein im Dienste einer Unterschiedsempfindlichkeit für ein Nebeneinander; dieselbe kommt nicht etwa bloß dann zustande, wenn symmetrisch gelegene Augenpaare gleichzeitig funktionieren.

Hinsichtlich der Protisten muß es offen gelassen werden, ob bei ihnen auch eine Unterschiedsempfindlichkeit für ein Nebeneinander vorkommt; sicher nachweisen läßt sich hier aber das Bestehen einer solchen für ein Nacheinander, und durch sie vermag man die Mehrzahl der beobachteten Reaktionen, wenn nicht gar alle, zu erklären. Vielleicht kann aber bei den Reaktionen auf Licht auch ein Nebeneinander wirksam werden. Die Unterschiedsempfindlichkeit für ein Nacheinander läßt sich am einfachsten demonstrieren, indem man ein Infusor aus gewöhnlicher Temperatur in Wasser von etwa 40° überträgt. Das betreffende Tier führt dann Fluchtbewegungen aus, die unter normalen Umständen durchaus geeignet sind, dasselbe der neuartigen Lebenslage zu entziehen und in die alte zurückzuführen. Im Versuchsfalle ist die letztere dem Tier jedoch gänzlich unerreichbar.

Oltmanns trennt eine Unterschiedsempfindlichkeit für örtliche und für zeitliche Differenzen. Diese Ausdrucksweise deckt sich nicht ganz mit der von mir vorgeschlagenen; denn örtliche Differenzen können sowohl gleichzeitig wie nacheinander wahrgenommen werden.

Kühn und anderen Autoren folgend, können wir zunächst unterscheiden zwischen phobischen und topischen Reaktionen. Die ersteren sind ungerichtet und werden ausgelöst durch eine Veränderung der Reizintensitäten in der Zeit, die letzteren sind gerichtet und sollen ausgelöst werden durch verschiedene räumliche Einwirkung des Reizmittels auf die Teile des Organismus. Galvanotaxis ist nach Kühn eine topische Reaktion; nach meinen Untersuchungen, die demnächst an anderem Orte veröffentlicht werden sollen, handelt es sich um eine Reaktion besonderer Art, die mit den im natürlichen Milieu gezeigten unter Umständen nicht viel gemein hat und daher eine gesonderte Betrachtung erfordert. Chemotaxis wird von Kühn als Beispiel einer durch phobisches Verhalten herbeigeführten Reaktion genannt. Dieser Auffassung vermag man für die Mehrzahl der Fälle durchaus zuzustimmen. Allein es gibt auch Vorkommnisse, die nur als topische Reaktionen auf chemische Reize gedeutet werden können. So ist man in der Lage, zu beobachten, daß Paramaecien, die sehr stark gehungert haben, mehr oder minder geradlinig auf Bakterien losschwimmen. Dies läßt sich nicht anders deuten, als daß sie durch die in das Wasser hinausdiffundierenden Stoffwechselprodukte der Bakterien geleitet werden. Die Paramaecien, welche durch den Hunger hochgradig für die „Witterung" ihrer

Beute sensibilisiert worden sind, besitzen dann offenbar bezüglich dieser auch schon eine Unterschiedsempfindlichkeit für ein Konzentrationsgefälle; denn man sieht, wenn sie sich einmal allzusehr von der geradlinigen Bahn, die auf die Bakterien hinführt, entfernen (wenn also vermutlich die Konzentration bei der Vorwärtsbewegung nicht mehr ansteigt), daß sie innehalten und nach der Versuchs- und Irrtumsmethode von neuem die geeignete Richtung zu erreichen suchen. Haben die Tiere sich gesättigt, dann besitzen die Stoffwechselprodukte der Bakterien für sie keine Bedeutung mehr, und sie schwimmen ohne Rücksicht auf diese im Wasser kreuz und quer herum. Hier sehen wir eine topische Reaktion, die durch verschiedene Intensitäten „in der Zeit", also durch eine Unterschiedsempfindlichkeit für ein Nacheinander zustande kommt.

Topisch ist auch das Verhalten der Paramaecien während der Präliminarien zur Konjugation. Die Tiere werden bei diesen nicht etwa rein passiv durch die von den Peristomcilien erzeugten Strömungen zusammengeführt und bleiben dann durch ein Sekret aneinander kleben, wie Jennings dies beschreibt; sie zeigen vielmehr die deutliche Tendenz, sich zunächst nur mit thigmotaktisch starr gehaltenen Cilien aneinander festzuheften, um dann erst später zusammenzukleben. Der ganze Vorgang spielt sich im allgemeinen unter lebhafter Lokomotion ab; hierbei muß durch rasche Wendungen einem Auseinandergeraten begegnet werden. Man darf wohl annehmen, daß die zur Paarung reifen Individuen durch eine besondere „Witterung", einen „Sexualduft" ausgezeichnet sind, der allerdings nicht weit in das Wasser hinausdiffundiert. Denn sonst wäre es gar nicht zu verstehen, daß die zur Konjugation reifen Tiere eine so große Anziehung aufeinander ausüben. Kreuzungen zwischen den Arten *caudatum* und *aurelia* kommen überdies niemals vor; man sieht auch nie, daß sich Angehörige verschiedener Spezies miteinander abgeben; also ist ihr „Sexualduft" wohl ein verschiedener. Das Beieinanderbleiben sich paarender Paramaecien geschieht durch direkte und gerichtete Wendungen, nicht nach der Versuchs- und Irrtumsmethode; stände nur die letztere zur Verfügung, so würde wohl kaum je eine Paarung gelingen.

Nach Jennings kommt Chemotaxis niemals direkt durch eine Anziehung, sondern immer nur indirekt infolge lauter Abstoßungen zustande, d. h. also durch rein phobisches Verhalten. Bei meinen Versuchen mit chemischen Reizmitteln lernte ich an *Paramaecium* neuartige, bisher noch nicht beschriebene Reaktionsarten kennen, die man wohl am besten als „phobisch-topisch" bezeichnen darf. Dieser Name erscheint nach meiner Auffassung deshalb als gerechtfertigt, weil eine jede aus einer unlösbaren Kombination von Anziehung und Abstoßung besteht. Gerade diese Reaktionsweisen zeichnen sich durch eine große Variabilität aus, so daß kaum eine einzige auf die gleiche Art wie die andere zustande kommt.

Setzt man zum Infusorienwasser einen Tropfen 1 prozentiger NaCl-Lösung, so stellt sich ein Konzentrationsgefälle her. Man beobachtet dann zunächst, daß nur bei unvermittelter und heftiger Reizung die Paramaecien eine rückwärtige Fluchtbewegung vollziehen; auf weniger intensive Reize hin tritt die schon von Jennings beschriebene Suchbewegung auf der Stelle ein. Diese letztere kann erheblich abgekürzt werden, indem das Tier mit dem Vorderende nur einen halben oder Viertelsbogen beschreibt. Hiermit sind nach Jennings die Reaktionsmöglichkeiten für das *Paramaecium* erschöpft, und daher glaubte der Autor sich berechtigt, diese Art, wie die übrigen Infusorienspezies auch, mit einem „isolierten Muskel" vergleichen zu dürfen.

Ganz ähnlich soll *Euglena viridis* nur nach der Versuchs- und Irrtumsmethode arbeiten. An einer Kultur, die aus unbekannten Gründen auf Licht nicht reagierte, prüfte ich vermittels NaCl-Lösung diese Angabe zunächst bezüglich des Verhaltens auf chemische Reizung nach. An der Grenze der diffundierenden Salzlösung vollführten die Euglenen meist die mannigfachsten Suchbewegungen und fanden erst nach zahlreichen „Versuchen und Irrtümern" den Weg in das alte Milieu zurück. Das Schema einer typischen Suchbewegung unter Erweiterung der Bahn, wie sie sich in dieser einfachen Ausbildung allerdings wohl nur selten in der Natur findet, stellt Abb. 7 dar. Hier ist die durch mich vertretene Auffassung von der Lokomotion der Flagellaten und Ciliaten in einer Doppelspirale wiedergegeben; nach Jennings geschieht eine Erweiterung der Bahn nicht auf einer doppelten, sondern auf einer einfachen Spirale (vgl. Abb. 1). Oft hat man übrigens den Eindruck, als spiele während einer Suchbewegung zum mindesten bei *Paramaecium* und *Euglena* nicht allein ein

„Suchen", sondern auch das Abbremsen einer raschen Vorwärtsbewegung eine Rolle.

Es kam nun bei meinen Versuchen vor, daß die Euglenen,
ohne die Spiralbahn zu erweitern, durch eine energische Wendung
(Abb. 8) oder — dies geschah am seltensten —
durch ein Schwimmen im Bogen (Abb. 9) den
Reiz vermieden. Nach Jennings wird dagegen
eine neue Richtung immer erst dann einge-
schlagen, wenn die Bahn erweitert worden war;
die betreffende Richtung soll dabei immer
innerhalb des umschriebenen Kegelmantels liegen
(Abb. 7). Nicht selten kombinieren sich Abwendungen mit einer vorherigen Suchbewegung;
das Individuum schwingt sich dann über den

Abb. 7. Euglena
viridis. Schema
einer Suchbewegung
durch Erweiterung
der Spiralbahn. Die
neu eingeschlagene
Richtung liegt inner-
halb des bei der Such-
bewegung umschrie-
benen Kegelmantels.

Abb. 8. Euglena viridis.
Abwendung ohne vorherige
Erweiterung der Spiralbahn.

Abb. 9. Euglena
viridis. Bogen-
schwimmen ohne
Suchbewegung.

umschriebenen Kegelmantel mehr oder weniger weit hinaus (Abb. 10). Abwendungen und Suchbewegungen können sich oft mehrfach hintereinander wiederholen, wodurch das dargebotene Bild recht unübersichtlich wird.

Vermutlich ergeben sich Suchbewegungen und Abwendungen hauptsächlich in dem Falle, daß das Konzentrationsgefälle im Medium ein steileres ist;

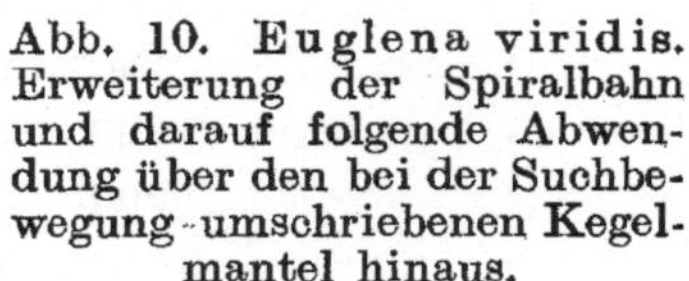

Abb. 10. Euglena viridis. Erweiterung der Spiralbahn und darauf folgende Abwendung über den bei der Suchbewegung umschriebenen Kegelmantel hinaus.

dagegen erfolgt das Beschreiben eines Bogens (Abb. 9) wohl dann, wenn die Konzentration allmählicher zunimmt und das Individuum nicht senkrecht auf die Grenze daraufprallt. Hier scheinen mir weitere Untersuchungen lohnend, die exakt die Reizintensitäten berücksichtigen. Das Wesen eines Bogens liegt darin, daß die Spiralbahn nicht allseitig (wie in Abb. 7), sondern immer nur einseitig (in Abb. 9 nach links) erweitert wird.

Häufiger als *Euglena* beantworten *Paramaecium caudatum* und *aurelia* das Auftreffen auf eine Reizquelle nicht mit einer Suchbe-

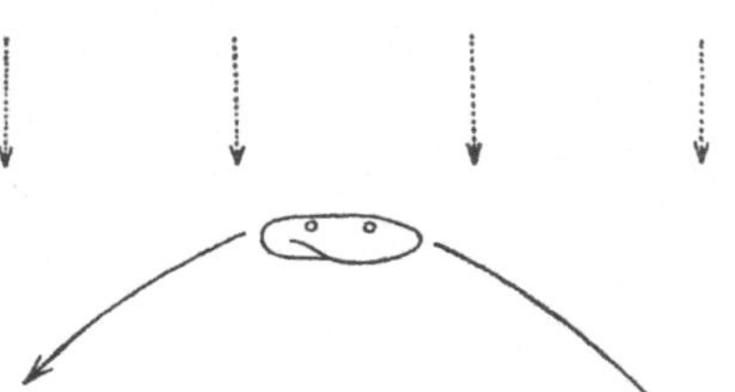

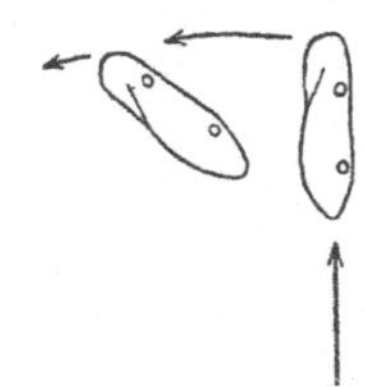

Abb. 11. Paramaecium caudatum, vor einer diffundierenden Salzlösung ausweichend, indem es unrotiert einen Bogen ventralwärts schlägt. Die Pfeile geben die Diffusionsrichtung an.

Abb. 12. Paramaecium caudatum, an der Grenze einer diffundierenden Salzlösung zweimal ventralwärts direkt sich abwendend.

wegung, sondern vermeiden dieselbe in einer Bogenbahn. Die letztere kann von dem Tier entweder rotierend oder unrotiert zurückgelegt werden. Der unter Rotation vollführte Bogen unterscheidet sich in nichts von einem solchen bei *Euglena* (Abb. 9). Ein unrotiertes Schwimmen kommt dagegen bei *Euglena* nicht vor. Bewegen sich die Paramaecien, ohne zu rotieren, im Bogen dahin, so vermögen sie eine jede Fläche des Körpers dem Reize und dem Mittelpunkt der vollführten Kreisbahn zuzuwenden. Vielfach ist die letztere nach der Dorsalseite des Individuums gekrümmt; sie kann aber auch eine Abweichung nach der rechten oder linken Seite des Tieres und sogar ventralwärts aufweisen (Abb. 11). Die Bogenbahn ohne Rotation wird wohl so zustande gebracht, daß sämtliche Cilien rückwärts schlagen; doch müssen die der einen Körperseite kräftiger arbeiten als die übrigen, damit eine gekrümmte Bahn erzeugt wird.

Man könnte nun versucht sein, einen auf Reizung nach der rechten oder linken Seite des Tieres ausgeführten Bogen im Sinne der Tropismentheorie zu deuten. Dann müßte man annehmen, daß trotz des asymmetrischen Baues des *Paramaecium*-Körpers auf demselben symmetrische Sinnesflächen sich befänden, die bei entsprechender Lage des Tieres verschieden gereizt würden. Die genannte Theorie versagt aber sofort, wenn das Tier den Bogen nicht nach rechts oder links, sondern nach der Dorsal- oder Ventralseite schlägt. Finden sich auch in dieser Richtung symmetrische Sinnesflächen? Und wie nun, wenn das *Paramaecium* dem Reiz etwa die ventral-linke oder die dorsal-rechte Seite zukehrt? Sollen auch für diesen Fall symmetrische Sinnesflächen vorgesehen sein? Es müßte dann — trotz morphologischer Asymmetrie — das *Paramaecium* sinnesphysiologisch vielstrahlig symmetrisch sein und die einander gegenüberliegenden Flächen müßten funktionell miteinander jeweils korrespondieren.

Ebensowenig läßt sich mit der Tropismentheorie bei Paramaecien und Euglenen etwas ausrichten, die nach Reizung unter Rotation einen Bogen schlagen. Bei *Paramaecium* beansprucht die Bogenbewegung unter Rotation zweifellos eine kompliziertere Tätigkeit der Cilien als diejenige ohne Rotation. Denn damit das sich drehende Tier beständig in der einen Richtung, z. B. (vom Beschauer aus gerechnet) nach links, fortgedrückt wird, müssen jeweils die in entgegengesetzter Richtung, also rechts, gelegenen Cilien kräftiger arbeiten. Es würde nichts nützen, wenn immer nur die Cilien ein und derselben Seite des Tieres kräftiger schlügen

als die anderen, denn dann würde sich wohl die Weite der beschriebenen Spirale, aber nicht die eingehaltene Richtung ändern.
Vielmehr muß ein Impuls zu kräftigerer Tätigkeit längs der
Oberfläche des Tieres, entgegengesetzt seiner Rotationsrichtung,
kreisen, solange die Bewegung auf gekrümmter Bahn anhält.
Was soll nun bei Tieren, die unter Rotation in einem Vermeidungs-
bogen schwimmen, die Annahme symmetrischer Sinnesflächen
helfen? Denn diese würden bei dem beständigen Herumschwingen
des Individuums stets — wenn nicht gleichzeitig, so doch unmittelbar nacheinander — unter genau die gleichen äußeren Bedingungen
geraten, so daß eine asymmetrische Reizung derselben im Sinne
der Tropismentheorie nicht zustande gebracht werden könnte.
Derartige Bedenken kennt Loeb jedoch nicht, und auch in
seinem neuesten Werk geht er auf keinerlei der mannigfachen
inzwischen erhobenen Einwände ein, wie ich einem Referat
von Przibram entnehme.

Przibram steht übrigens durchaus auf dem Boden der
Loebschen Anschauungen, wenn er auch gelegentlich ein kritisches
Wort einfließen läßt. Mir erscheinen alle Versuche, wie Przibram
eine „quantitative Biologie" zu betreiben, zwar lobenswert, aber
verfrüht. Denn wir schließen dann — gewollt oder ungewollt —
von unserem Arbeitsgebiet alles biologische Geschehen aus, das
sich mit unserer Methodik nicht quantitativ fassen läßt, und dies
dürfte noch auf lange Zeit hinaus der größere und interessantere
Teil der am Lebenden ablaufenden Vorgänge sein.

Außer dem Bogenschwimmen kommt nach meinen Feststellungen bei *Paramaecium caudatum* und *aurelia* eine andere
Form des direkten Vermeidens eines Reizes vor, nämlich eine
einfache Abwendung. Die letztere ist von einer „abgekürzten
Suchbewegung" wohl zu unterscheiden; denn bei der letzteren
schlägt das Tier auf der Stelle mit dem Vorderende einen Bogen,
wobei es rotiert; der Beobachter erblickt das Objekt also vorher
und nachher von verschiedenen Seiten. Bei der einfachen Abwendung rotiert das Tier dagegen nicht. Das *Paramaecium*
vermag die Wendung nach jeder Seite hin zu vollführen, sowohl
dorsalwärts, nach der rechten und nach der linken Seite und auch
ventralwärts. Entzieht eine einmalige Wendung das Tier nicht
schon dem Reize, dann erfolgt anschließend eine zweite (Abb. 12)
und unter Umständen eine dritte. Fluchtbewegung, Abwendung

und Bogenschwimmen können zu einer einzigen komplizierten Reaktion vereinigt werden.

Direkte Abwendungen vollziehen sich also nicht nach der Versuchs- und Irrtumsmethode. Sie sind dagegen, ähnlich wie das Bogenschwimmen, gleichzeitig sowohl phobischer wie topischer Natur; denn das Tier wendet sich oder schwimmt mit Hilfe einer einzigen Bewegung von dem neuen Milieu fort in das alte zurück. Ich halte es daher für gerechtfertigt, solche Reaktionen als „phobisch-topisch" zu bezeichnen, weil bei ihnen eine Kombination von Abstoßung und Anziehung vorliegt.

Auch bei *Stentor polymorphus* konnte ich nicht selten diese Form des Verhaltens konstatieren. Exemplare, die bei der Vorwärts- und Rückwärtsbewegung eine Zeitlang unrotiert das Medium durcheilen, vermögen nach Reizung Abwendungen mit und ohne Rotation zu vollführen, worauf sie wieder unrotiert vorwärtseilen. Bei der ohne Rotation ausgeführten Wendung kann der *Stentor* bis zu 90° aus der bisherigen Fortbewegungsrichtung herausgedreht werden. Gerät ein *Stentor* bei der rotierenden Lokomotion gegen einen Fremdkörper, so vermeidet er denselben nicht immer nach der Versuchs- und Irrtumsmethode; es kann vielmehr stattdessen auch eine ruhige Umwendung unter Rotation eintreten. Der Winkel, den die neue zu der alten Fortbewegungsrichtung bildet, kann manchmal fast 180° betragen. Es liegt dann eine gerichtete Bewegung vor, die sich kombiniert aus einem Abwenden vom Reiz und einem Hinwenden in das alte Milieu.

Die Reaktionen von *Euglena viridis* auf verschiedene Lichtintensitäten wurden von mir unter dem Mikroskop an lichtempfindlichen Exemplaren geprüft. Das auffallende Licht wurde abgeblendet und der Spiegel zur Hälfte mit weißem oder grauem Papier bedeckt. Jennings ist der Ansicht, daß *Euglena* durch die Dunkelheit abgestoßen wird und die Helligkeit nur durch Versuch und Irrtum findet. Ihm widersprechen Holmes, Torrey, Bancroft und andere, indem sie angeben, daß die neue Richtung auch durch direkte Wendungen und nicht immer nur vermittels Probierbewegungen gefunden wird. Auch Oltmanns gelangte an Hand von Lichtversuchen zu der Auffassung, daß die Euglenen nicht durch die Dunkelheit abgestoßen, sondern durch das Licht angezogen werden. Nach Buder unternimmt *Euglena* in vielen

Fällen keine Suchbewegungen, sondern lenkt in einem „sauberen Bogen" in die neue Lichtrichtung ein.

Bei meinen Versuchen war das Verhalten der einzelnen Exemplare ein äußerst verschiedenes. Die einen führten beim Übertritt in verdunkelte Partien sofort die mannigfachsten Suchbewegungen und Wendungen aus, wobei sie nicht immer in die Helligkeit zurückgeführt wurden. Anderen Individuen aber gelang es, sich mit einem energischen Ruck in die Helligkeit zurückzuwerfen (Abb. 8). Gelegentlich kam sogar an der Grenze ein „sauberer Bogen" zustande (Abb. 9). Weitere Individuen begaben sich tiefer ins Dunkel hinein, bevor sie Suchbewegungen ausführten. Andere passierten die Grenze, ohne daß ihre Lokomotionsweise sich änderte.

Wird bei Lichtversuchen mit *Euglena* ein schmales Bündel paralleler Strahlen verwendet, wie dies mit der nötigen Exaktheit insbesondere von seiten Buders geschah, so vermag meines Erachtens nicht nur ein phobisch-topisches Verhalten zu entstehen, sondern wohl auch ein solches, das eher rein topisch zu nennen ist. Die Strahlenrichtung hat dabei nicht etwa die von manchen Autoren angenommene Wirkung einer „zwangsmäßigen" Einstellung des Individuums; vielmehr orientiert sich nach meiner Auffassung das letztere an Hand der auf jedem Punkte seiner Bahn gegebenen Verteilung von Hell und Dunkel. Möglicherweise wirkt dabei nur ein Nacheinander von Eindrücken, vielleicht aber auch ein Nebeneinander. Das Milieu, welches die *Euglena* umgibt, zeigt an einer bestimmten Stelle einen hellen Fleck und auf diesen steuert sie los; für den Beobachter, welcher von oben her durch das Mikroskop blickt, erscheint das Gesichtsfeld ganz schwarz. Hierin liegt meines Erachtens die Erklärung, daß für manche Autoren die „unsichtbare" Richtung der Lichtstrahlen eine so große Rolle spielt. Das Versuchsobjekt läßt sich aber nicht durch dieses „Unsichtbare" unter Einfluß nehmen, sondern hält sich an die auf jedem neuen Standort vorgefundenen Gegebenheiten der sichtbaren Helligkeit in der einen und der sichtbaren Dunkelheit in der anderen Richtung.

Noch ein Wort über den Begriff der „Zwangsmäßigkeit" der Reaktionen. Im Lichte der mechanistischen Auffassung besteht ein Unterschied zwischen „zwangsmäßigen" und „willkürlichen" Handlungen der Tiere nicht. Denn auch das anscheinend willkürlichste Verhalten würde sich bei Kenntnis aller beteiligten Faktoren als stets eindeutig bestimmt und daher als absolut zwangsmäßig geschehend herausstellen. „Zwangsmäßigkeit" ist nun nach Loeb das Kriterium der Tropismen; damit soll gesagt sein, daß alle Individuen einer Tierart sich unter den gleichen Bedingungen in gleicher Weise orientieren oder bewegen; wo Ausnahmen vorkommen, gelingt es nach Loeb, die Ursache hierfür anzugeben. Liegt aber etwa dort keine Zwangsmäßigkeit mehr vor, wo wir heutzutage die betreffende Ursache noch nicht kennen?

Die Zahl der Gegner der Loebschen Tropismentheorie ist im beständigen Wachsen begriffen (siehe Mast, v. Buddenbrock, Bierens de Haan, Erhard und viele andere). Lehnt nun jemand die Tropismentheorie als ein unzureichendes Erklärungsprinzip ab, so gerät er sogleich in den Verdacht, als wolle er damit auch die Kausalität des Naturgeschehens leugnen; dies fällt aber wohl kaum einem der neueren Autoren bei, wenn sich auch für die Richtigkeit dieser letzteren Anschauung hinsichtlich der Lebewelt bisher nur Wahrscheinlichkeitsbeweise haben beibringen lassen.

Nach Engelmann (1882) hängt bei *Paramaecium bursaria* die Reaktion auf Licht ab von der Sauerstoffspannung des Wassers; bei O-Mangel vermeiden die Tiere die Dunkelheit, bei O-Reichtum die Helligkeit. Ein eigentliches Sehen liegt nach Engelmann nicht vor. In geeigneten Präparaten sieht man bei kriechenden Tieren an der Grenzlinie alle nur möglichen Formen des Kriechens im Bogen unter Abweichung nach rechts und nach links; ebenso kommen scharfe Wendungen ebendorthin vor. *Paramaecium bursaria* findet dann das alte Milieu nicht durch Versuch und Irrtum, sondern vermittels eines Bogens oder einer einfachen Wendung wieder. Manche Individuen respektieren die Grenze in keiner Weise, andere stocken zunächst, sei es, daß sie aus der Helligkeit oder der Dunkelheit kommen, um sie dann doch zu überschreiten. Dies hängt wohl damit zusammen, daß die Tiere an verschiedene O-Spannungen adaptiert sind.

Die Orientierung der Vertreter von *Paramaecium bursaria* ist während des Schwimmens eine viel weniger sichere als beim Kriechen. Setzt man dem Infusorienwasser CO_2-haltiges Wasser zu, so erheben sich auf diese Reizung hin die Versuchstiere vom

Boden. Wenn sie überhaupt an der Grenzlinie eine Reaktion zeigen, dann führen sie dort häufiger einige Suchbewegungen als eine einfache Abwendung aus.

Phobisch-topisch dürfte auch die Reaktion von *Stentor* bei Belichtung sein, wenn sich das Tier, wie Jennings berichtet, mit einer Wendung um über 90° entgegen den Lichtstrahlen in das alte Milieu zurückwendet. Hier kann nur eine Unterschiedsempfindlichkeit für ein Nacheinander in Frage kommen.

Durch Zerschneidungsversuche konnte ich den Sitz des chemischen und thermischen Sinnes an *Paramaecium, Stentor* und *Spirostomum* näher lokalisieren. Wurde bei *Paramaecium* der vor der vorderen kontraktilen Vakuole gelegene Teil abgetrennt, dann reagierten die Versuchstiere auf Wärme und Salzlösung noch ebenso wie die intakten Kontrolltiere. Bei einer Durchschneidung hinter dieser kontraktilen Vakuole reagierten sie weniger stark. Nach Durchtrennung kurz vor dem Mund stockte der isolierte hintere Abschnitt des Tieres auf chemische Reizung noch gelegentlich, ohne daß dabei aber eine rückwärtige Flucht zustande kam; bei Verbringung in Wärme schwamm der Torso unentwegt geradeaus, während gleichzeitig die Kontrolltiere eine Fluchtbewegung nach der anderen ausführten. Die abgetrennte Vorderhälfte reagierte dagegen auf chemische und thermische Reizung mit deutlicher Flucht. Traf der Schnitt den Mund, so reagierte der hintere Teil weder auf chemische noch thermische Reizung, sondern nur noch auf mechanische Insulte. Liegt die Durchtrennung hinter dem Mund, dann reagiert der isolierte Vorderabschnitt wie die Kontrolltiere. Der chemische und thermische Sinn hat bei *Paramaecium* also seinen Sitz im Vorderende, wobei der für chemische Reizung empfängliche Bezirk bis zum Munde, der auf thermischem Wege reizbare nicht ganz bis zu diesem hin reicht. Koehler gelangte zu der Ansicht, daß auch der statische Sinn auf das Vorderende beschränkt ist. Eine Bestätigung dieser letzteren Auffassung vermöchten vielleicht Versuche mit halbierten Paramaecien zu bringen.

Ob in dem beobachteten *Paramaecium*-Torso der Kern ganz, teilweise oder nicht vorhanden ist, kann unberücksichtigt bleiben; denn nach meinen Beobachtungen wie nach denen von Nußbaum, Gruber, Verworn (1891) und anderen ist bei Infusorien und nach Engelmann (1879), Verworn (1889) und Peter bei Metazoen das Vorhandensein des Kerns für das Zustandekommen einer Flimmerung nicht erforderlich; er stellt also nicht etwa ein lokomotorisches Zentrum dar. Ebensowenig ist nach meinen Feststellungen seine Intaktheit für eine geordnete Reizbeantwortung vonnöten.

Wurde einem *Stentor* das Peristomfeld abgeschnitten, so trat Fluchtbewegung nicht mehr auf Temperaturerhöhung, sondern nur noch auf chemische Reizung ein. Der Wärmesinn ist also, wie nach Jennings der Lichtsinn, bei *Stentor* auf das Vorderende beschränkt, während dagegen die ganze Körperoberfläche mit einer Empfänglichkeit für chemische Reize begabt ist. Dasselbe gilt für *Spirostomum*; bei einer Durchtrennung hinter dem Mund führt nur noch das isolierte vordere Stück, aber nicht mehr das hintere auf Temperatursteigerung Fluchtbewegungen aus, wohingegen bei chemischer Reizung beide Teile in der genannten Weise reagieren. Und selbst das hinterste Körperviertel reagiert noch auf chemische Reizung, wenn auch in etwas langsamerer Weise als das intakte Tier.

An dem abgeschnittenen mundlosen hinteren Teilstück von *Stentor* und *Sprirostomum* konnte ich zeigen, daß bei Temperatursteigerung zwar keine Fluchtbewegungen mehr geschehen, wohl aber erfolgte bis zum Eintritt des Wärmetodes eine merkliche Beschleunigung der vorwärtsgerichteten Lokomotion. Das isolierte Hinterstück besitzt keinen Wärmesinn mehr, denn sonst würde es Fluchtbewegungen ausführen. Wir müssen also annehmen, daß hier der Reiz nicht mehr seinen Weg über das Sinnesfeld und über die Zelle als Zentrum nehmen kann. Er vermag aber mehr „direkt" auf Grund einer „lokalen Wirkung" die Tätigkeit der Cilien zu beeinflussen, indem er alle Stoffwechselprozesse rascher ablaufen läßt und damit die Schlagfrequenz der Flimmerhaare erhöht. Ich bin der Auffassung, daß das lebhafte Vorwärts- und Zurückeilen eines intakten *Spirostomum* und *Stentor* hauptsächlich „indirekt" durch Reizung des Sinnesfeldes hervorgebracht wird, anderseits dürfte aber auch eine mehr „direkte" Einflußnahme des Reizes insofern eine Rolle spielen, als alle Tätigkeiten in der Wärme rascher ablaufen.

Während der natürlichen Zweiteilung der Infusorien arbeitet das betreffende Individuum nach meinen Beobachtungen zunächst, solange die Trennungsfurche noch nicht tief einschneidet, als vollständige Einheit; die Koordination der Impulse umfaßt also das gesamte Flimmerkleid. Je tiefer aber allmählich die Einschnürung greift, um so selbständiger werden die beiden entstehenden Individualitäten voneinander. Wenn also nur noch eine schmale protoplasmatische Brücke besteht, bildet jede der beiden jungen Zellen schon ihr eigenes Zentrum, das von sich aus Impulse an die Cilien erteilt. Eine gemeinsame Lokomotion wird also in den Endstadien der Teilung wohl nur mechanisch durch Druck und Zug in die Wege geleitet; das eine Teilstück beginnt eine Bewegung, und das andere nimmt diese im einen Falle auf, sobald es von derselben Kenntins erhält, oder es nimmt dieselbe im anderen Falle nicht auf; so bildet die gemeinsam ausgeführte Tätigkeit allemal einen Kompromiß zwischen den beiden Einzeltätigkeiten, indem sich das eine Tochterindividuum vom anderen mehr oder weniger beeinflussen läßt.

Ganz ähnlich wie in den späteren Stadien der Teilung stellt sich bei der Paarung von *Paramaecium* die Koordination der Bewegungen nur mechanisch durch Druck und Zug her. Die beiden mit den Peristomfeldern sich berührenden Individuen arbeiten durchaus als eine Einheit. Diese Einheitlichkeit der Lokomotion tritt bereits auf, bevor eine protoplasmatische Brücke zwischen den beiden Paarlingen geschlagen ist, und zwar auch schon dann, wenn diese nur erst mit thigmotaktisch starr gehaltenen Cilien in ganzer Länge aneinanderliegen. Wir dürfen also ein sich fortbewegendes *Paramaecium*-Paar mit einem Tänzerpaar vergleichen, bei dem die Koordination der Bewegungen ebenfalls durch die mechanische Berührung vermittelt wird. Jedes Tier muß also beständig den vom anderen ausgeführten Bewegungsänderungen folgen. Derartiges läßt sich an Paaren zeigen, die durch Deckglasdruck erheblich in ihrer Fortbewegung behindert sind. Man sieht dann, daß gelegentlich der eine Partner eine neuartige Bewegung beginnt und unmittelbar darauf der andere dieselbe aufnimmt.

Durch Quetschungen mit Hilfe eines Glasfadens kann man an Paramaecien die während der natürlichen Zweiteilung zu beobachtenden Erscheinungen, wenn auch nur in annähernder Weise, künstlich hervorrufen. Quetscht man ein *Paramaecium caudatum* in der Körpermitte ein wenig, so bildet sich eine leichte

Einschnürung, aber das Tier reagiert auf Reize wie ein normales als eine Einheit. Man vermag die Pressung so weit zu treiben, daß an der gequetschten Stelle das gekörnelte Plasma fast völlig schwindet und nur noch eine breite hyalin erscheinende Brücke übrig bleibt. Dann arbeitet Vorder- und Hinterende ein jedes als sein eigenes Zentrum getrennt für sich und gibt gesonderte Impulse an die ihm aufsitzenden Cilien. Das eine Teilstück wird über die Tätigkeiten des anderen dann wohl nur rein mechanisch durch Druck und Zug orientiert; denn man kann beobachten, daß die eine Hälfte die Tätigkeiten der anderen nicht immer sofort aufnimmt, sondern daß sie eine Zeitlang untätig bleiben kann und sich von der anderen eine Strecke weit passiv fortschleppen läßt. Ein einheitliches Funktionieren kommt früher oder später aber schließlich immer zustande; ein ausgesprochenes Gegeneinanderarbeiten ereignet sich höchstens für Momente. Ist erst einmal ein einheitliches Arbeiten der beiden Teile in Gang gebracht, dann bewegen sie sich so lange als eine Einheit fort, bis die eine Hälfte aus irgendeinem Grunde in einen neuartigen physiologischen Zustand verfällt, der veränderte Bewegungsimpulse entstehen läßt. Die Harmonie der beiden Teile ist dann so lange gestört, bis sie sich wieder in einem neuen Kompromiß zusammengefunden haben, wodurch das Einsetzen einer neuen Tätigkeit zumeist etwas Ruckartiges bekommt.

Allmählich, und zwar etwa eine halbe Stunde nach dem Eingriff, pflegt sich an der gequetschten Stelle die Plasmakörnelung wiederherzustellen; es muß also von vorn und von hinten her das lebende Protoplasma wieder zusammenströmen. Dann bietet sich das erstaunliche Bild, daß die Koordination der Impulse neuerdings nicht mehr Vorder- und Hinterhälfte getrennt umfaßt, sondern wieder das ganze Versuchstier. Das Objekt besteht also jetzt nicht mehr aus zwei gesonderten Einheiten, sondern, wie vor dem Eingriff, aus einer einzigen solchen.

Wird an Tier oder Pflanze ein Organ oder Organteil experimentell zerstört, so stellen wir in vielen Fällen fest, daß durch Regeneration der Verlust ersetzt wird. Dies soll nach Driesch die Entelechie besorgen. Wenn man nun ein Infusor in zwei Teilhälften zerschneidet, warum findet die Entelechie nicht ihre vornehmste Aufgabe darin, die beiden Hälften wieder zusammenzufügen? Es wäre dies ein ihrer würdiges Beginnen, und das Eintreten derartiger Vorkommnisse wäre ein wichtiger Indizienbeweis für ihr Walten. Dürfen wir uns begnügen, resigniert festzustellen: „Ihr seht es ja, sie tut es nicht!" Oder sollen wir annehmen, daß die Entelechie überall sehr bald auf Grenzen stößt, die sowohl ihre eigene Natur wie das gegebene Material ihr stecken?

Statt sich wieder zusammenzufügen, rasen also die beiden Hälften auseinander und verhalten sich von nun an als zwei gesonderte Individualitäten. Sind gleichzeitig mit unserem Eingriff aus der einen unräumlichen Entelechie deren zwei mit räumlich getrennten Manifestationsorten entstanden? Sind die Entelechien, wenn auch einander wesensverwandt, so doch ein wenig verschiedener Art? Denn wie wäre es sonst zu erklären, daß die beiden künstlich erzeugten Hälften sich verschieden verhalten? Oder ist die Entelechie doch so von der Materie abhängig, daß die beiden wesensgleichen Entelechien, von denen die eine das Vorder-, die andere das Hinterende zur Verfügung hat, die beiden Teilstücke weder wieder zusammenbringen noch in einen gleichartigen Gang versetzen können? Es soll aber doch die Entelechie anderseits so weitgehend Meister über die Materie sein, daß sie aus einem undifferenzierten Ei ein Individuum mit allen Speziescharakteren hervorbringen kann. Hat etwa die Entelechie eine „Freiheit" in der Wahl der an die Materie abzugebenden Impulse?

Bei meinen Quetschversuchen an *Paramaecium* sieht man, daß aus einem Tier zwei Individualitäten entstehen und aus diesen letzteren dann wieder ein Individuum wird. Wie verhält sich inzwischen die Entelechie? Teilt sie sich auf parallele Weise in zwei Entelechien, die dann später entsprechend wieder in eine zusammenfließen? Oder ist während des ganzen Versuchs nur eine Entelechie vorhanden, die an den beiden Teilhälften — als an zwei getrennten und der Beschaffenheit nach ein wenig verschiedenen Orten — auf verschiedene Weise sich manifestiert? In der Wiedervereinigung nach einer bloßen Quetschung den eindeutigen Beweis für das Walten einer Entelechie sehen wollen, scheint mir nicht zwingend. Es wäre von hohem Interesse, zu erfahren, wie Driesch sich zu den aufgeworfenen Fragen stellt; denn falls es eine Entelechie gibt, so muß sie doch nicht allein am Zustandekommen der Ontogenese, sondern auch an dem des „Verhaltens" hochgradig beteiligt sein.

Einige Autoren machten den Versuch, daß sie einen Salzkristall in eine Probe Infusorienwasser hineinfallen ließen; dann führen diejenigen Tiere, welche mit der entstehenden starken Salzlösung in Berührung kommen, eine heftige Fluchtbewegung rückwärts aus. Dieselbe geschieht blindlings, führt das Tier also unter Umständen direkt auf das Salzkorn hin. Aus derartigen Versuchen wurde dann sogleich geschlossen, daß die betreffenden Arten ganz automatenhaft reagieren. Bei sehr heftigen Reizungen sehen wir aber, daß auch höhere Tiere oft recht unzweckmäßig sich verhalten. Wenn ein Organismus sich im Experimentalfalle der ihm gestellten Aufgabe nicht gewachsen zeigt, so ist meines Erachtens immer zuerst zu prüfen, ob er ihr überhaupt gewachsen sein kann. Das Hineinbringen eines Salzkristalls in das Infusorienwasser erscheint mir als eine so unnatürliche Versuchsanordnung, daß es nicht Wunder nehmen darf, wenn im Verhalten der wasserlebenden Protisten während der Phylogenese sich eine Anpassungsfähigkeit an eine solche Situation nicht herausgebildet hat und die Versuchstiere daher hier einmal ausgesprochen unzweckmäßig reagieren.

Soll das „Verhalten" einer Tierart erforscht werden, so sind vor allem zwei methodische Fehler zu vermeiden. Es dürfen keine Versuchsbedingungen gestellt werden, denen das Objekt nicht zu entsprechen vermag. Man hat also nur Faktoren in das Milieu einzuführen, die in annähernd der gleichen Ausbildung sich auch in einer natürlichen Lebenslage des Tieres vorfinden können. Nur beim Wirken in einer Umwelt, in die der Organismus eingepaßt ist, wird er uns den ganzen Reichtum der ihm zu Gebote stehenden Reaktionsmöglichkeiten zu offenbaren vermögen. Zum anderen darf man nicht aus der Fülle der Lokomotionsarten und Verhaltensweisen einige wenige, für uns recht übersichtliche herausgreifen, die anderen aber als minder wichtig und „atypisch" beiseite lassen, um dann auf Grund der in den Vordergrund gestellten Reaktionsarten weittragende Schlüsse zu ziehen, und etwa festzustellen, das Beobachtungsobjekt reagiere ganz wie ein kleiner Automat oder wie ein isolierter Muskel.

Daß *Stentor* nicht bloß nach einem ganz einfachen Schema reagiere, hat auch Jennings in seinen neueren Schriften festgestellt. Doch ist ihm die ganze Fülle der vorhandenen Reaktionsformen entgangen. Gemeinsam mit der Fluchtbewegung rückwärts erfolgt vielfach ein Zusammenzucken; das letztere kann jedoch auch völlig unabhängig von der Rückwärtsbewegung auftreten. An freischwimmenden Exemplaren fällt beim Zusammenzucken besonders das blitzartige Einziehen des Hinterendes auf; wird ein *Stentor* chemisch oder thermisch schwach gereizt, so kann er hierauf lediglich durch Einziehen des Hinterendes reagieren. Die einfachste Form einer phobischen Reaktion besteht bei *Stentor* in einem Haltmachen, worauf das Tier dann in der bisherigen Richtung weiterschwimmt. Eine Verstärkung der Reaktion besteht darin, daß das Tier sich ein Stück weit rückwärts bewegt, um hierauf doch in der bisherigen Richtung wieder vorwärts zu eilen. Eine weitere Steigerung des phobischen Reagierens liegt vor, wenn das Versuchstier nach der Rückwärtsbewegung eine neue Richtung einschlägt.

Spirostomum reagiert nach stärkerer Reizung einerseits durch lebhafte Kontraktion des Körpers, anderseits durch eine rückwärtige Fluchtbewegung, welch letztere sich unter Rotation des Tieres um sich selbst über die linke Seite vollzieht. Bei schwächerer Reizung, insbesondere beim Auftreffen auf ein mechanisches Hindernis, sehen wir dagegen vor allem Abwendungen eintreten. Dabei wird der Körper mehr oder weniger stark im Sinne der auszuführenden Wendung abgebogen, eventuell so stark, daß Vorder- und Hinterhälfte sich berühren. Gerade diese Bewegungsart ist reichster Modifikationen fähig. Eine solche Abknickung geschieht immer nur dorsalwärts, niemals nach einer anderen Richtung. Außerdem vermochte ich zu zeigen, daß *Spirostomum* während der Lokomotion in einer Doppelspirale seinen Körper stets schwach derart gekrümmt hält, daß die Ventralfläche konvex, die Dorsalfläche konkav ist. Entsprechend biegt *Paramaecium caudatum* bei Anschmiegung an einen Fremdkörper sein Vorderende immer nur dorsalwärts ab.

Bei *Spirostomum* können vermöge der Biegsamkeit des Vorderendes regelrechte Wendungen zustande kommen, wenn das Tier auf Widerstände stößt; die neue Richtung wird hier also nicht etwa durch „Versuch und Irrtum" gefunden, sondern durch ein Verhalten, das man vielleicht im gewissen Sinne auch noch phobisch-topisch nennen darf. Während des Kletterns im Detritus kann das Vorderende tastend umhergeführt werden, bis ein Ausweg erreicht ist. Auf irgendein Schema läßt sich das

Verhalten eines in dieser Weise sich umherbewegenden Tieres nicht bringen. Es scheint mir ein zu gewaltsames Verfahren, dieses tastende Umherführen des Vorderkörpers unter die gleiche Rubrik bringen zu wollen wie das Rückwärts- und Vorwärtsschwimmen der Paramaecien oder das Erweitern der Spiralbahn, und alle diese Verhaltensweisen als „Versuchs- und Irrtumsmethode" zusammenzufassen. Denn ein Gemeinsames ist bei genauerem Zusehen an ihnen nicht zu entdecken.

In ganz besonders deutlicher Weise vermag nach Angabe der Autoren *Lacrymaria olor* das tastende Umherbewegen der Körperspitze zu zeigen. Auch sei in diesem Zusammenhange auf *Loxophyllum meleagris* hingewiesen. Diese Infusorienart etwa mit einem „isolierten Muskel" zu vergleichen und anzugeben, ihre Angehörigen beantworteten Reize in stereotyper Weise, liegt nicht der mindeste Anlaß vor. Denn dieser Spezies stehen nach den Beobachtungen von Holmes und nach meinen eigenen neben einem Schreiten und neben allerlei Drehungen und Wendungen noch manche andere Reaktionsweisen zur Verfügung, und zwar ganz besonders auch Fühlbewegungen der Körperspitze, wellenförmige Bewegungen und vielfältige Veränderungen der Gestalt.

So läßt sich zusammenfassend feststellen, daß uns die niederen Organismen in ihrem Verhalten dort, wo viele Autoren nur einige wenige Schemata erkennen wollen, eine ungeheure Fülle der Reaktionsarten darbieten.

IV. Stimmungen.

In den vorhergehenden Kapiteln wurde festgestellt, daß die Reaktionsweise der Protisten von Fall zu Fall abhängig ist von einem besonderen Element, das nach dem Vorgang einiger Autoren als Stimmung oder physiologischer Zustand bezeichnet wurde. So unterliegt nach Jennings *Stentor*, nach diesem Autor und zur Straßen die Amoebe Stimmungen. Nach Jennings sind die am Verhalten beteiligten Vorgänge im höchsten Grade regulatorisch. Die Veränderungen sollen sich auch bei Protisten vielfach in Übereinstimmung mit Erfahrungen, nicht bloß zufällig vollziehen und also als Regulationen dienen

Das Verhalten des Tieres unter dem Einfluß der Reizung entspricht daher nach Jennings seinen Bedürfnissen und wird durch diese bestimmt. Neben den Erfahrungen spielen Hunger, Sättigung, Ermüdung und Gewöhnung bei der Entstehung neuer physiologischer Zustände die entscheidende Rolle. Allerdings gibt es Situationen, in welchen keine Reaktionsform hilft oder auf die das Versuchstier keine zweckmäßige Antwort findet, insbesondere, wenn es sich um ganz unnatürliche Bedingungen handelt; die Anpassungsfähigkeit der Organismen ist also keine vollkommene und absolute. Bei der „Versuchs- und Irrtumsmethode" geschieht eine Überproduktion von Bewegungen, eine in passender Richtung gelegene wird schließlich ausgewählt; Jennings zufolge ist mit wenigen Ausnahmen das ganze wechselnde Verhalten der Protisten überhaupt nur immer eine spezielle Form von Versuch und Irrtum. So waltet nach ihm im Verhalten überall das Nützlichkeitsprinzip.

Mit Recht wendet sich Loeb gegen eine solche Auffassung. Allerdings geht er seinerseits viel zu weit, wenn er die Begriffe der Anpassung und Zweckmäßigkeit gänzlich aus der Biologie eliminieren will. Er sagt, dieselben hätten in der unbelebten Natur keine Gültigkeit und so seien sie auch hinsichtlich der belebten zu verwerfen. Wollten wir Loeb folgen, dann würden wir aber meines Erachtens die Biologie ihres wesentlichsten Inhaltes berauben! Freilich muß ich auf Grund meiner Beobachtungen feststellen, daß die wechselnden physiologischen Zustände eines Organismus vielfach durchaus jenseits von Nützlichkeit und Schädlichkeit stehen und mit Veränderungen der Milieufaktoren dann nichts zu tun haben. In solchen Fällen hängt also eine Änderung des Verhaltens nicht mehr oder weniger direkt mit einer Lebenslageverschiebung zusammen, vielmehr kann ein Stimmungswechsel spontan und in höchst autonomer Weise, dabei in seiner Wurzel für unsere Methoden unfaßbar, vom Tier Besitz ergreifen.

Derartiges lehrte bereits das höchst variable Verhalten der Paramaecien im eingedickten Medium. Besonders deutlich wurden spontane Stimmungsänderungen bei Versuchen mit Wärme und chemischen Agentien, die ich an *Stentor polymorphus* ausführte. Die chemischen Versuche waren insofern exakter, als während der gesamten Dauer derselben das Medium von konstanter Beschaffenheit blieb, wohingegen bei den Wärmeversuchen die Temperatur progressiv sank. Es sei daher hier das Hauptaugenmerk auf die chemischen Versuche gerichtet.

Die Stentoren wurden jedesmal vermittels einer Pipette aus gewöhnlichem Wasser, an das sie sich während einiger Stunden gewöhnt hatten, in NaCl-Lösungen von verschiedener Konzentration übertragen; diese Überführung kann so schonend vollzogen werden, daß die Tiere dabei ausgestreckt bleiben. Nicht alle Stentoren reagieren auf den gleichen Salzgehalt in gleicher Weise; so führen die einen Individuen in 0,1 prozentiger Lösung lebhafte Fluchtbewegungen aus, während andere unbeirrt vorwärtseilen. Bei manchen Individuen wechselte die Art des Verhaltens nach Übertragung in diese Konzentration von einem Mal zum anderen. Wurden sie alle 2 bis 3 Minuten abwechselnd in Salzlösung und gewöhnliches Wasser übertragen, dann konnten sie in der Salzlösung das eine Mal eine Fluchtbewegung ausführen und das andere Mal eine solche unterlassen. Eine Gewöhnung kam dabei nicht in Frage, denn es konnten plötzlich wieder Fluchtbewegungen auftreten, wenn während der vorausgehenden Übertragungen solche ausgeblieben waren. In 0,08 prozentiger NaCl-Lösung schwammen meine Versuchstiere mit nur wenigen Ausnahmen lediglich vorwärts. Überführung in gewöhnliches Wasser rief bei den chemischen Versuchen eine rückwärtige Bewegung niemals hervor.

Wurde ein *Stentor* längere Zeit in 0,1 prozentiger NaCl-Lösung belassen, so ließ sich unter Umständen feststellen, daß in dem sich nicht verändernden Milieu nacheinander verschiedene Stimmungen von ihm Besitz ergriffen. Zunächst reagierte das Versuchstier z. B. mit einer ausgiebigen Fluchtbewegung rückwärts. Dann schien es sich an die veränderte Lebenslage annähernd gewöhnt zu haben, denn es schwamm mehrere Minuten fast ausschließlich vorwärts, wobei nur selten ein Stutzen eingeschaltet wurde. Plötzlich kam dann aber eine Periode, während derer das Tier eine Fluchtbewegung nach der anderen vollführte, wobei es weite Strecken vermittels ununterbrochenem Rückwärtseilen zurücklegte. Dann wieder schwamm es eine Strecke vorwärts, stutzte beim Weiterschwimmen einige Male und setzte sich endlich fest. Örtliche Differenzen im Milieu können einen solchen mehrmaligen Wechsel des Verhaltens nicht hervorgerufen haben, denn der *Stentor* durchmaß das Wasser kreuz und quer, und schwamm das eine Mal an der gleichen Stelle vorwärts, das andere Mal rückwärts. Die Tendenz zur Festheftung tritt bei den Stentoren rein spontan auf und verschwindet ebenso wieder. Ein derartiger Wechsel kann sich sowohl im gewohnten wie im reizenden Milieu vollziehen, indem das Beobachtungsobjekt dann entweder von der Lokomotion zur Festheftung oder umgekehrt von der letzteren zur ersteren übergeht.

Die Wärmeversuche stellte ich in der Weise an, daß in einem größeren Gefäß Wasser bis zu einer bestimmten Temperatur erwärmt wurde. In diesem Gefäß lag der ausgehöhlte Glasklotz, in dem später die Versuche angestellt werden sollten. Genau $^1/_2$ Minute, nachdem der Glasklotz, mit Wasser gefüllt, aus dem größeren Gefäß herausgenommen war, wurde das Versuchstier in denselben hineingesetzt. Ich glaube, es hierdurch erreicht zu haben, daß die einzelnen Versuche sich miteinander vergleichen lassen.

Entscheidend dafür, ob im erwärmten Wasser eine ausgiebige Ortsbewegung vorwärts oder ein beständiges Vorwärts- und Rückwärtseilen erfolgt, scheinen im wesentlichen innere Faktoren zu sein. Denn ein *Stentor*, der soeben in Wasser von 32° einen nicht endenwollenden Wechsel von Vorwärts- und Rückwärtsbewegungen vollführte, so daß keinerlei geordnete Lokomotion zustande kam, vermag wenige Minuten darauf beim nächsten Versuch in einer höheren Temperatur, z. B. bei 37°, fast ohne Stocken geradeaus zu eilen, so daß er dann das Wasser annähernd geradlinig nach allen Seiten durchquert.

Im allgemeinen ruft eine stärkere Reizung — sei sie chemischer oder thermischer Natur — eine lebhaftere Reaktion hervor als eine schwächere Reizung. Jedoch kann der Experimentator den Grad der Reaktion keinesfalls von außen her wie bei einem Automaten regulieren. Einzelne Tiere schwimmen selbst in 37° sofort und ausschließlich geradeaus, während andere auch in 28° noch Fluchtbewegungen ausführen. Und auch beim gleichen Individuum kann von Versuch zu Versuch der Reaktionserfolg variieren. So ruft das eine Mal Wasser von 29° Fluchtbewegungen hervor, das andere Mal nicht. Von einer Gewöhnung an dieses Versetztwerden aus kühlem in warmes Wasser kann bei diesen Versuchen keine Rede sein, denn die verschiedenen

Reaktionsarten vermögen ohne jede Regel aufeinanderzufolgen. Bemerkenswerterweise löste auch das Wasser von Zimmertemperatur bei der Rückkehr in dasselbe manchmal, aber nicht immer, Fluchtbewegungen aus.

Der Zeitraum, welcher von dem Moment an verstreicht, wo der *Stentor* in das reizende Medium übertragen wurde, bis zu demjenigen, in welchem nach anfänglicher Vorwärtsbewegung die erste Rückwärtsbewegung erfolgt, kann von ganz verschiedener Länge sein. Manche Individuen schwimmen bis zu 2 cm weit vorwärts, ehe eine Fluchtbewegung einsetzt. Bei Stentoren, die untätig am Boden liegen, kann $1/_2$ bis 1 Minute vergehen, bis ein Zurückweichen erfolgt, vorausgesetzt, daß die betreffenden Tiere sich nicht zuvor festhefteten.

Von dem physiologischen Zustand (der „Stimmung") des Tieres hängt es also in erster Linie ab, ob dasselbe vorwärtseilt oder ob es ruht, und welchen Grad die Reaktion auf äußere Reize erreicht. Das eine Mal ist der innere Impuls zum Vorwärtseilen oder — bei *Stentor* — zur Festheftung oder die Tendenz zum ruhigen Verweilen von außen her nur schwer zu überwinden; ein andermal läßt sich das Verhalten ohne weiteres in einer vom Experimentator beabsichtigten Weise verändern. Bald kann also ein *Stentor* in einem reizenden Milieu unbeirrt geradeaus eilen, bald wird dasselbe Tier schon durch einen schwächeren Reiz zu einem beständigen Vorwärts- und Rückwärtsschwimmen gebracht, und bald setzt es sich aller Reizung zum Trotz fest. Im einen Falle vermag also der aus dem Inneren des Tieres entspringende Impuls zur geradeaus gerichteten Vorwärtsbewegung durch den Reiz nicht abgeändert zu werden, im anderen Falle verbleibt wohl die Geneigtheit zur Lokomotion, doch wirkt sie sich in einem Vorwärts- und Rückwärtsschwimmen aus. Das eine Mal wird bei mechanischer Berührung ein *Stentor* sofort zur Vorwärtsbewegung veranlaßt, ein anderes Mal gelingt dies nicht. Vor den Augen des Beobachters vermögen die verschiedenen Stimmungen von dem Versuchstier nacheinander Besitz zu ergreifen, ohne daß das Milieu sich derweil irgendwie verändert. Der Stimmungswechsel ist dann also rein endogener Natur, rein spontan.

Es kann somit von innen heraus ohne äußere Auslösung ein Impuls zu einer Lokomotion auftreten, und ebenso vermag die

Bewegung ohne eine solche Auslösung über kurz oder lang sistiert zu werden. Voraussetzung für eine jede Vorwärtsbewegung ist mithin das Vorhandensein einer inneren „Tendenz" zu einer solchen und das Walten in diesem Sinne geordnet wirksamer Kräfte; selbst zur „Versuchs- und Irrtumsmethode" gehört stets ein innerer Impuls zur Lokomotion.

Ein Teil der Lokomotionsarten, welche man bei experimentell gereizten Protisten feststellt, nämlich Erweiterungen und Verengerungen der Spiralbahn sowie Wendungen, lassen sich auch jederzeit an solchen Individuen beobachten, die sich in einem anscheinend ganz homogenen Medium befinden. Sieht man die Angehörigen einer Infusorienart sämtlich an einer bestimmten Stelle stutzen und über kurz oder lang eine neue Richtung einschlagen, so ist sicherlich an der betreffenden Stelle ein äußeres Hemmnis gegeben, das dieses besondere Verhalten hervorruft. Auch wenn nur ein Teil der Individuen sich in der genannten Weise verhält, kann man auf einen solchen äußeren Reiz schließen, wobei aber dann die Reizschwelle individuell eine verschiedene ist, so daß die einen Individuen sich aufhalten lassen, während die anderen ungehemmt vorwärtsschwimmen. Meist aber erfolgen die Änderungen der Lokomotionsweise in einer Wasserprobe ganz regellos an beliebigen Stellen. Dann scheint mir die Berechtigung vorzuliegen, nicht immer bloß lokale Verschiedenheiten des Mediums für diesen Bewegungswechsel verantwortlich zu machen, sondern auch Lokomotionsänderungen rein spontaner Art anzunehmen, die allein auf innere Reize hin erscheinen. Auch Verworn tritt für spontane Bewegungen bei den Protisten ein.

Eine solche Auffassung befindet sich im Gegensatz zu derjenigen Davenports, welcher als extremer Vertreter der Tropismentheorie meint, es sei unrichtig, bei den Protisten eine Steuerung der Bewegung von innen her anzunehmen. Nach diesem Autor kann ohne den richtenden Einfluß von außen keine gerichtete Bewegung entstehen. So soll eine Amoebe unter dem Einfluß von Licht sich auf gekrümmter Bahn bewegen, in einem Medium dagegen, das keinen derartigen Reiz bietet, soll sie stets geradlinig kriechen, welch' letztere Angabe einen handgreiflichen Irrtum darstellt.

Wir sind also genötigt, in bedeutend weitergehendem Maße,

als dies bisher von seiten einiger Autoren bereits geschehen, in die Lehre vom Verhalten auch der niedersten Organismen ein besonderes Element einzuführen, nämlich dasjenige der Stimmung. Diese letztere ist nicht allein von Hunger und Sättigung, von Ermüdung und Gewöhnung abhängig und waltet deshalb nicht bloß in einem zweckmäßigen („dauerfördernden") Sinne als Regulation. Vielmehr läßt sich feststellen, daß die Stimmungen in einer viel autonomeren Weise, die jenseits von Nützlichkeit und Schädlichkeit steht, die Tiere befallen und über ihren Tätigkeiten schalten. Legen wir zwei Individuen der gleichen Infusorienart parallel nebeneinander, so bewegt sich das eine vielleicht im Bogen nach rechts, das andere dagegen nach links fort. Eben dasselbe kann geschehen, wenn wir ein Individuum zerteilen und die beiden Hälften nebeneinander legen. Und dasselbe Tier muß sich an dem gleichen Fleck nacheinander nicht einmal wie das andere verhalten.

Von der Basis der mechanistischen Grundauffassung aus haben wir anzunehmen, daß die Stimmungen sich restlos aus der Physiologie des Tieres erklären lassen, daß also nicht etwa noch ein immaterieller Faktor eingreift. Die angeführte „Autonomie" vieler Stimmungen ist damit nur eine relative und irgendwie auch von außen abhängig; doch übersehen wir das Getriebe im Inneren des Organismus bei seiner ungeheuren Kompliziertheit zur Zeit auch nicht im entferntesten.

Mit der Einführung der „Stimmung" ist das Verhalten der niederen Tiere vielfach für uns stets gültigen Voraussagungen entrückt. Und nachdem diese Bresche in das imposante System gelegt, das frühere Autoren mit Emsigkeit aufgerichtet hatten, steht es im Belieben eines jeden, in die Lehre vom Verhalten auch der Protisten das Element der „Freiheit", welche vollständig und endgültig eliminiert zu sein schien, von neuem hereinzutragen. Weder für noch gegen ihr Dasein lassen sich bündige Beweise herbeibringen.

Literatur.

Alverdes, F., Rassen- und Artbildung. Schaxels Abhandl. z. theoret. Biol., Heft 9, Berlin 1921.

—, Studien an Infusorien über Flimmerbewegung, Lokomotion und Reizbeantwortung. Schaxels Arb. a. d. Geb. d. exper. Biol., Heft 3, Berlin 1922.

—, Zur Lokalisation des chemischen und thermischen Sinnes bei *Paramaecium* und *Stentor*. Zool. Anz., Bd. 55, 1922.

—, Untersuchungen über Flimmerbewegung. Pflügers Arch., Bd. 195, 1922.

—, Zur Lehre von den Reaktionen der Organismen auf äußere Reize. Biol. Zentralbl., Bd. 42, 1922.

—, Untersuchungen über begeißelte und beflimmerte Organismen. Arch. Entw.-Mech., Bd. 52, 1922.

—, Beobachtungen an *Paramaecium putrinum* und *Spirostomum ambiguum* Zool. Anz., Bd. 55, 1922.

—, Lebendbeobachtungen an beflimmerten und begeißelten Organismen. Verhandl. Zool. Ges. 1922.

—, Über Galvanotaxis und Flimmerbewegung. Biol. Zentralbl. (Im Druck.)

Ballowitz, E., Die Doppelspermatozoen der Dyticiden. Zeitschr. wiss. Zool., Bd. 60, 1895.

Bancroft, F. W., Heliotropism, differential sensibility and galvanotropism in *Euglena*. Jour. Exp. Zool., Vol. 15, 1913.

Bierens de Haan, J. A., Phototaktische Bewegungen von Tieren bei doppelter Reizquelle. Biol. Zentralbl., Bd. 41, 1921.

Bresslau, E., Verhandl. Zool. Ges. 1922.

Buddenbrock, W. v., Die Tropismentheorie von Jacques Loeb. Biol. Zentralbl., Bd. 35, 1915.

—, Die Handlungstypen der niederen Tiere und ihre tierpsychologische Bewertung. Berl. klin. Wochenschr. 1921.

Buder, J., Zur Kenntnis der phototaktischen Richtungsbewegungen. Jahrb. wiss. Bot., Bd. 58, 1917.

Davenport, C. B., Experimental morphology. Part 1., New York, 1897.

Driesch, H., Das Ganze und die Summe. Antrittsrede. Leipzig 1921.

Engelmann, Th. W., Physiologie der Protoplasma- und Flimmerbewegung. L. Hermann, Handb. d. Physiol., Bd. 1, Teil 1. Leipzig 1879.

—, Über Licht- und Farbenrezeption niederster Organismen. Pflügers Arch., Bd. 29, 1882.

Erhard, H., Kritik von J. Loebs Tropismentheorie auf Grund fremder und eigener Versuche. Zool. Jahrb. Allg. Bd. 39, 1921.

Gruber, A., Über künstliche Teilung bei Infusorien, II. Biol. Zentralbl.,
Bd. 5, 1886.

Heidenhain, M., Über die teilungsfähigen Drüseneinheiten oder Adeno-
meren sowie über die Grundbegriffe der morphologischen System-
lehre. Arch. Entw.-Mech., Bd. 49, 1921.

Holmes, S. J., The selection of random movements as a factor in phototaxis. Jour. Comp. Neur. Psych., Vol. 15, 1905.

—, The behavior of *Loxophyllum* and its relation to regeneration.
Jour. Exp. Zool., Vol. 4, 1907.

Ishikawa, H., Wundheilungs- und Regenerationsvorgänge bei Infusorien.
Arch. Entw.-Mech., Bd. 35, 1913.

Jennings, H. S., Studies on reactions to stimuli in unicellular organisms,
II. Amer. Jour. Physiol., Vol. 2, 1899.

—, The behavior of *Paramecium*. Jour. Comp. Neur. Psych., Vol. 14, 1904.

—, Das Verhalten der niederen Organismen. Übers. v. E. Mangold,
Leipzig und Berlin 1910.

Koehler, O., Über die Geotaxis von *Paramaecium*. Arch. Prot., Bd. 45,
1922.

Köhler, W., Die physischen Gestalten in Ruhe und im stationären
Zustand. Braunschweig 1920.

Kölsch, K., Untersuchungen über die Zerfließungserscheinungen der
ciliaten Infusorien. Zool. Jahrb. Anat., Bd. 16, 1902.

Kühn, A., Die Orientierung der Tiere im Raum. Jena 1919.

Loeb, J., Die Tropismen. Wintersteins Handbuch, Bd. 4, 1913.

Mast, S. O., What are tropisms? Arch. Entw.-Mech., Bd. 41, 1915.

Mayer, A. G., The converse relation between ciliary and neuro-muscular
movements. Carnegie Inst. Washington. Publ. 132, 1911.

Neresheimer, E. R., Über die Höhe histologischer Differenzierung bei
heterotrichen Ciliaten. Arch. Prot., Bd. 2, 1903.

Nußbaum, M., Über spontane und künstliche Zellteilung. Sitz.-Ber.
Niederrhein. Ges., Bonn 1884.

Oltmanns, F., Über Phototaxis. Zeitschr. f. Bot., Jahrg. 9, 1917.

Peter, K., Das Zentrum für die Flimmer- und Geißelbewegung. Anat.
Anz., Bd. 15, 1899.

Przibram, H., Veröffentlichungen über quantitative Biologie 1916 bis
1919 in englischer Sprache (Referat). Arch. Entw.-Mech., Bd. 50, 1922.

Pütter, A., Studien über Thigmotaxis bei Protisten. Arch. Anat. Physiol.,
Jahrg. 1900, Physiol. Abt. Suppl.

Rauber, A., Neue Grundlegungen zur Kenntnis der Zelle. Morph. Jahrb.,
Bd. 8, 1883.

Roux, J., Observations sur quelques infusoires ciliés des environs de
Genève. Rev. suisse Zool., T. 6, 1899.

Roux, W., Der Kampf der Teile im Organismus, Leipzig 1881.

—, Das Wesen des Lebens. Kultur d. Gegenwart. Teil III, Abt. IV, 1, 1915.

—, Bemerkungen zur Analyse des Reizgeschehens und der funktionellen
Anpassung sowie zum Anteil dieser Anpassung an der Entwicklung
des Reiches der Lebewesen. Arch. Entw.-Mech., Bd. 46, 1920.

Sachs, J., Vorlesungen über Pflanzenphysiologie. Leipzig 1882.

Stieve, H., Über den Einfluß der Umwelt auf die Eierstöcke der Tritonen. Arch. Entw.-Mech., Bd. 49, 1921.

zur Straßen, O., Die neuere Tierpsychologie. Verhandl. Ges. Naturf. u. Ärzte. 79. Vers. 1907.

Torrey, H. B., The method of trial and the tropism hypothesis. Science, N. S., Vol. 26, 1907.

Uexküll, J. v., Theoretische Biologie, Berlin 1920.

—, Umwelt und Innenwelt der Tiere, 2. Aufl., Berlin 1921.

Uhlenhuth, E., Studien zur Linsenregeneration bei den Amphibien, I. Arch. Entw.-Mech., Bd. 46, 1920.

Verworn, M., Psycho-physiologische Protisten-Studien. Jena 1889.

—, Studien zur Physiologie der Flimmerbewegung. Pflügers Arch., Bd. 48, 1891.

Wallace, A. R., Beiträge zur natürlichen Zuchtwahl. Übers. v. A. B. Meyer. Erlangen 1870.

Whitman, C. O., The inadequacy of the cell-theory of development. Jour. Morph., Vol. 8, 1893.

Wilhelmi, J., Tricladen. Fauna und Flora Neapels. Bd. 32, Berlin 1909.

Namen- und Sachverzeichnis.

Ernst Siegfried Mittler und Sohn, Buchdruckerei G. m. b. H.,
Berlin SW 68, Kochstraße 68-71.